_____님께 드립니다.

자녀와 함께하는 시간이 가장 소중한 시간입니다.

아빠의 교육법

꿈꾸는 의사 김석 원장의 자녀 행복 교육 로드맵

아빠의 교육법

제1판 1쇄 발행 2021년 3월 30일
제1판 4쇄 발행 2023년 2월 25일

지은이 김 석
영감자 공성애
펴낸이 김정동
편집주간 김수동 | **편집** 김승현 | **교정·교열** 이창훈
마케팅 최관호, 김혜자
디자인 심서령
일러스트 장희원
펴낸곳 서교출판사

주소 서울시 마포구 성지길(합정동) 25-20 덕준빌딩 2층
전화 02-3142-1471(대)
팩스 02-6499-1471
이메일 seokyobook@gmail.com
블로그 http://blog.naver.com/seokyobooks
페이스북 @seokyobooks | **인스타그램** @seokyobooks
ISBN 979-11-89729-81-3 13590

서교출판사는 전현직 선생님들의 교육 관련 에세이를 기다리고 있습니다.
seokyobook@gmail.com으로 간략한 개요와 취지 등을 보내주세요. 출판의 길이 열립니다.

꿈꾸는 의사 김석 원장의 자녀 행복 교육 로드맵

아빠의 교육법

지은이 김 석 | 영감자 공성애

서교출판사

더 늦기 전에 내 삶에 던져진 물음표

2011년 나는 5살, 7살 두 아들을 두고 있었다. 하루는 병원 후배가 주말에 아내가 외출하면 아들을 돌보는 게 너무 힘들다고 하소연을 했다. 나는 아버지 노릇 선배로서 '그 까잇거' 하면서 나의 노하우를 공개하기로 마음 먹었다.

"일단 아내가 나가면 아이들을 오라고 한 다음에 물어봐라. 점심 뭐 먹을래? 대부분 짜장면이라고 한다. 그걸 시켜주면 된다. 그런 다음에 게임이나 만화책을 읽으라고 하고 나는 낮잠을 즐긴다. 낮잠에서 깨어나 TV를 좀 보다가 다시 아이들에게 묻는다. 저녁은 뭐 먹을래? 원하는 걸 또 시켜주면 된다.

이때 주의할 점이 하나 있다. 매우 배고프다고 할 때 시켜줘야 해. 그래야 투정 부리지 않고 많이 먹고, 아내가 돌아왔을 때 애들 밥 배불리 잘 먹었다고 당당할 수 있다. 팁 추가! 양치와 잠옷 갈아입히기는 미리

해 놓아야 해. 잠든 다음에 깨워서 시키자면
힘들다. 미리 다 시켜놓고 느긋하게 텔레비전을 보고 있다가 아이들이
잠들어 있으면 그때 침대에 데려다 눕히면 임무 완수!!!"

의기양양하게 노하우 전수를 마쳤다. 그런데 감사할 줄 알았던 후배
의 입에서 뜻밖의 말이 흘러나왔다.
"선배, 그 정도면 이건 완전 아동학대 수준인데!"
"무슨 소리야? 애들은 저희들 하고 싶은 거 하고 나는 나 하고 싶은
거 하고. 의식주 뭐 하나 빠진 것 없이 완벽하게 돌보았는데 아동학대
라니! 당치 않은 소리! 대한민국 아빠 중에 이 정도 하는 남자는 많지
않을걸."
의사라는 바쁜 직업과 사회생활이 우선일 수밖에 없는 남자라는 현
실에서 스스로 합리화를 했지만, 후배의 말은 내게 작은 물음표로 남
았다. 내가 무엇을 더 해야 한다는 말인가. 솔직히 내가 한 것은 아빠
아닌 누구라도 할 수 있는 것이기는 했다. 그렇지만 나는 내가 무엇을
더 이상 할 수 있는지 알 수 없었다.

이렇게, 삶에 더 큰 물음표가 꽂히는 날은 기어이 찾아오고야 말았
다.

"엄마는 나를 챙겨 주니까 좋고, 냉장고는 맛있는 음식이 있으니까
좋고, 소파는 편히 앉아서 쉴 수 있으니까 좋고, 그런데 아빠는?"

인터넷에서 어떤 아이가 썼다는 글을 보면서, 처음에는 아이들이 뭘 몰라도 한참 모른다고 생각했다.

엄마가 너를 챙길 수 있는 것도 아빠가 돈을 벌어오는 덕분이고 냉장고의 음식도 아빠가 돈을 벌어야 채워지는 것이고 편히 쉴 수 있는 소파도 아빠가 번 돈으로 마련한 거란 말이야. 그 돈을 벌려고 아빠가 얼마나 힘들게 고생하는지 너희는 상상도 하지 못 할걸.

그런데 이상하게 마지막의 물음표가 내내 마음에 걸렸다. 마음속 물음표는 어느새 아들들의 눈으로 내 삶에 질문을 던지기 시작했다.

나는 고향에서 직장을 다니게 되어 회식이 많았다. 병원 회식, 초등학교 · 중학교 · 고등학교 친구 모임, 지역 의사 모임, 골프 동호회 모임, 대학교 동문회 모임 등 정말 회식이 많았다. 그러다 보니 어떤 주에는 6일 연속 회식이 잡힌 적도 있었다. 그때 아들들한테 얻은 별명이 "6연속 회식"이다. 주말에 하루 집에 있는 날은 몸이 피곤해서 눕고만 싶지, 아이들과 '놀아주기'가 쉽지 않았다. 놀아주려고 해도 5분 정도 지나면 누워서 놀아주는 아빠가 되어 있었다.

골프를 너무 좋아해서 매일 아침 6시 30분에 일어나서 8시까지 골프 연습장을 갔다가 출근했다. 2010년, 이제 6살이 된 아들은 아빠의 직업이 무엇인 줄을 몰랐다. "아빠는 무엇 하는 사람이냐?"라는 질문에 "아빠는 골프 치는 사람이잖아!"라고 말할 정도였다. 나로서는 취미생활인 골프가 아이의 눈에는 본업을 능가하는 상황이었다.

아이들이 아침에 일어나면 아빠는 없었다. 아이들 관점에서 '아빠'

라는 존재를 생각하면 나는 늘 부재중이었다. 그래 서인지 아이들은 나만 보면 놀아달라고 매달리고 나는 놀아주는 일이 부담스러운 악순환이 지속되고 있었다.

'그래, 놀아주자.' 결심하기는 했으나 결코 쉽지 않았다. 이미 어른이 된 나는 아이와 노는 일이 어려웠다. 매우 힘이 들었다. 구체적으로 무엇을 어떻게 해야 하는지 알지 못한 채 마음에 부담만 늘어가던 무렵, 나보다 아들을 먼저 키운 선배를 만났다. 도대체 몇 살 때까지 놀아줘야 하는지, 이 부담에서 벗어날 날은 언제쯤일지 물어보았다.

"초등학교 4학년!"

어이쿠! 그럼 도대체 몇 년이 남은 거야? 길어도 너무 길었다.

그런데 선배의 말은 여기서 끝이 아니었다.

"아들이 초등학교 4학년만 돼 봐라. 아빠는 안중에도 없어. 그때부터는 친구들이 더 좋거든. 너 지금 애들하고 안 놀면 나중에 크게 후회한다."

천년만년 매달릴 줄 알았던 아이들이 더는 나에게 눈길조차 안 준다. 외로움이 확 밀려왔다. 매달리고 기다려도 충족이 안 되는 아빠에게 아이들도 이런 외로움을 느꼈을까. 나는 아이들을 누구보다 사랑한다고 자부하는데….

"후회할걸!"

선배의 마지막 말이 귀에서 계속 맴돌았다. 하루가 다르게 크는 아이들이다 보니 초등학교 4학년까지가 그리 멀다고만 할 건 아니었다.

11살을 고비로 사춘기, 청년기를 거치면서 아들은 아버지한테서 점점 더 멀어질 것이 뻔했다.

나는 왜 아이들과 노는 일이 힘든 것일까?

첫째 수는 내과 레지던트 2년 차 때 태어났다. 아내는 본가와 처가가 있는 제주도에서 해산했다. 나는 서울에서 6개월 정도 떨어져서 살았다. 둘째 현이는 내과 레지던트 4년 차 전공의 시험 볼 때 태어나서 역시 6개월 정도 떨어져서 살았다. 처음부터 몸으로 육아와 부딪치면서 성장 과정을 함께한 것이 아니다 보니 아이들과 노는 일이 낯설었고 즐겁거나 설레지 않았던 것 같았다.

4형제의 장남으로 태어나 성장한 나는 맏이라는 부담감으로 동생들에게 늘 잔소리를 하는 형이었지, 같이 놀아주는 자상한 형이 아니었다. 그러면서 나도 모르게 나보다 어린 사람과 아이를 그리 좋아하지 않는 그런 사람이 되어갔다. 의과대학을 다닐 때도 유일하게 재시험을 본 과목이 소아과 과목일 정도였으니까 말이다.

인생에서 소중한 무언가가 모래처럼 손가락 사이로 빠져나가는 것을 속수무책으로 바라보는 듯한 나날이 흘러가고 있었다.

그러던 어느 일요일, 낮잠을 자고 있는데 아들이 나를 깨웠다. 손에는 팽이가 들려 있었다. 함께 팽이 놀이를 하고 싶은 모양이었다. 나는 잠결에 "1시간만 있다가" 하고는 다시 잠들었는데 일어나 보니 아들이 눈물을 글썽이며 이제 놀아줄 거냐고 물었다. 아들은 그 자리에서 팽이를 가지고 나를 기다리고 있었던 것이다. '앗! 내가 너무했구나!' 하는 생각에 진짜 열정을 다해서 같이 놀아주었다. 진심으로 놀아주니 어느 순간 나도 그 놀이에 푹 빠져 있었다. 너무 즐거웠다. 놀아주는 것이 아니라, 함께 놀고 있었던 것이다. 아들이 나와 놀아주고 있었다.

아이가 나에게 놀아주기를 청한 것은 심심해서만이 아니었다. 아이는 관계 맺기를 원하고 있었던 것이다. 소통을 원하고 있었다. 왜? 가장 가까이 있는 사람, 가족이니까. 아빠니까.

그런데 나는 그걸 '일'로 생각하고 있었던 것이다.

내가 늦은 밤에 귀가해도 기다렸다가 "아빠, 언제 놀아줄 거야?" 하고 묻던 아들. 그럴 때마다 "놀아줄게" 하고는 무심코 지나치곤 했던 나.

'지금 순간을 아들과 함께하지 않으면, 다시는 이 시간이 돌아오지 않겠구나!'

정신이 번쩍 들었다.

나는 차차 변해갔다. 아들들이랑 노는 일이 즐거워졌고, 회식을 일찍 끝내고 집에 들어갈 때면 아들들 생각에 마음이 설레었다. 자녀 양육서를 찾아 읽고, 가능한 한 많은 시간을 함께 보내고 교감하는 아빠로, 아내와 아이들과 삶을 하루하루 채워가는 철든 남자로 성장해 가기 시작했다.

아들 키우기 힘든 세상이라지만 나는 아들들과 사는 것이 점점 쉽고 재미있어졌다.

2021년. 이제 수는 고등학생, 현은 중학생이다. 초등학교 4학년을 넘긴지 오래됐지만 지금도 아들의 스마트폰에 아빠 전화는 이렇게 뜬다.

'잘 놀아주는 아빠!'

그렇다! 바쁜 남자로 사는 게 성공하는 인생이 아니다. 내 곁에 있는 사람들과 의미 있고 재미있는 시간을 쌓아가는 것이 진정한 성공임을 이제는 안다.

아들아, 고맙다. 나랑 놀아줘서. 덕분에 내 인생이 이렇게 풍요롭고 행복하단다.

이 책은 지난 8년간 내가 아들들과 하루하루 몸으로 부딪쳐 살면서 얻은 깨알 같은 노하우를 담은 것이다. 내가 그랬듯이, 아들을 사랑하면서도 무엇을 어떻게 해야 하는지 알 길이 없어 막막한 한국의 아빠들에게 대방출하고자 한다. 소소하지만 중요한 것들이 담겨 있다. 그렇기 때문에 누구나 쉽게 실천할 수 있고, 지속할 수 있기에 효과가 확실하지 않을까 싶다.

아들들과 노는 인생의 즐거움을 모르는 아빠들에게 더 늦기 전에 도움을 주고자 하는 마음, 그리고 속상한 아들도 없고 '독박 육아'로 힘든 엄마도 없는 세상이 왔으면 좋겠다는 마음뿐이다.

서귀포에서 지은이

내가 오랫동안 기다려 온 책

오한숙희(여성학자·방송인)

내가 저자 김석을 처음 만난 건 진료실에서였다. 2014년 팔순의 어머니를 모시고 서귀포로 갓 이주한 내가 어머니의 건강검진을 위해 방문한 내과가 그의 병원이었다.

둥근 얼굴에 이목구비가 뚜렷한 젊은 의사는 우리가 들어가자 자리에서 일어나 활짝 웃는 얼굴로 맞아주었다. 병원이라는 긴장감이 살짝 풀어지기 시작했다.

"다 좋으세요. 연세에 비해서 건강하신 편이세요."

"아, 그래요."

자식에게 짐이 될세라 노심초사하시던, 어머니의 얼굴에 미소가 감돌았다.

나도 내심 안도했다. 어머니는 열아홉에 고향 황해도 해주를 떠나 잠시 섬에 피란을 왔다가 이산가족이 되신 후 섬에 대한 트라우마를 안고 계셨다.

지금은 전쟁시기도 아니고, 이름도 평화의 섬인 제주, 그중에서도 관광1번지 서귀포이지만 그래도 섬은 섬인지라 공연히 어머니의 노후를 심란하게 만드는 이주가 아닌가 싶어 걱정하던 차였다.

병원을 나오니 붕어빵가게가 보였다.

"얘, 저 붕어빵 좀 사먹자."

처음이었다. 어머니가 먼저 뭘 사먹자고 하신 것은, 더구나 길거리 음식을.

어머니는 길에서 파는 음식은 먼지가 묻어 깨끗하지 못하고, 거리에서 음식을 먹는 것은 점잖지 못한 일로 여겨오셨다.

우리 모녀는 길가 벤치에 나란히 앉아 오가는 사람들을 바라보며 붕어빵을 즐겁게 먹었다.

"의사가 참 착하게 생겼지?" 어머니에게 의사의 인상은 병원의 이미지였다.

그후 어머니는 병원 가길 꺼리지 않으셨다.

내가 그 의사한테서 전화를 받은 것은 어머니가 돌아가신 해 겨울 방학이었다. 그는 의사가 아닌 지역주민으로서 전화를 걸었다면서 강의를 부탁했다. 그런데 내용이 뜻밖이었다. 시간은 밤 12시요, 장소는 자신의 집, 대상은 초등학생.

모두가 잠든 밤에 택시를 타고 그 집을 향해 가면서도 내내 물음표였다.

"도대체 동네 아이들을 모아놓고 이 늦은 밤에 뭘 하는 것일까?"

딩동!

벨소리에 문이 열리고, 집안가득 아이들이

보이는데 그 중에는 내복차림의 어린이도 있었다.

"유명한 작가 선생님이세요. TV에도 나오셨고!"

그가 나를 소개하지만 아이들은 알 턱이 없다.

"오늘 여러분에게 좋은 말씀 해 주실 거예요"라는 소리가 무색하게 나는 무슨 말을 해야 할지 몰랐다.

오밤중에 동네애들 10여명이 어느 집에 모여 있다는 사실만으로도 나는 신기해서 정신이 없었다.

"애들아 졸리지 않니?"로 겨우 말문을 열고 30여 분 이런저런 말을 했을 뿐이다.

"여러분, 이제 치킨을 먹을 거예요!"

"와아!"

아이들의 함성을 뒤로 하고 나올 때까지 얼떨떨했다.

아이들에게 추억을, 공부에 대한 도전정신을 심어주기 위해서 밤샘 공부 캠프를 기획했다는 오지랖 넓은 이 부부, 제 자식만으로도 힘들다는 세상에, 참 대단하다 싶어 물음표로 들어간 집이 나올 때는 느낌표로 변했다.

그리고 또 3년여의 시간이 흐른 어느날, 이번에는 메일이 왔다.

엄청 긴 내용의 대용량파일이 첨부된 메일이었다.

파일을 열어보고 나는 깜짝 놀랐다.

　　　　　대한민국 남자로서 펼치는 고백과 성찰에 감동했고, 두 아들을 키우면서 겪는 일상의 생생함과 그것을 헤쳐 나가는 한 남자의 분투기가 흥미로웠다.

'이 글은 반드시 공유되어야 한다!'
나는 그에게 출판을 적극 권했다.
여성학자로서 나는 대한민국 여성의 고민의 핵이 자식키우기이며, 아무리 의좋은 부부도 자식 때문에 갈등하는 게 현실임을 익히 알고 있었다.
그러나 내가 남자들에게 아무리 가족이 중요하고 자녀와의 유대는 어릴 때부터 맺어야 한다고, 그것이 진정한 노후대책이라고 말해도 남자들은 '한국에서 남자로 산다는 것이 어떤 건지 모르고 하는 소리'라고 일축했다.
그런데, 바쁜 직업에 종사하는 한 남자가 '아들을 키우며 인생을 알고 철이 들었다'고 증언을 하고 나섰으니, 그리고 아들과 친해지는 노하우를 대방출하고 있으니 얼마나 고마운 일인가.

출판뿐이 아니라, 누가 시트콤으로 제작해 주면 좋겠다는 욕심까지 들었다.
여자들 사이에서는, 남편을 '큰아들'로 지칭하는 숨은 문법이 있는데, 그가 두 아들과 '맞짱'을 뜨며 게임, 컴퓨터, 휴대폰의 늪에서 아들의 일상을 균형 있게 견인해내느라 벌이는 해프닝은 시트콤의 소재로 손색이 없었다.

이 책은 바지바람을 일으킨 극성아버지의 이야기가 아니다.

개인적으로는 한 남자의 성장기록이자 아버지됨에 관한 글이지만,
이 시대의 남자들 - 성공의 모델은 넘쳐도 삶의 모델은 드문 세상을
살아가는 시대의 남자들 - 에게 함께 갈 길을 보여주는 사회적 의미가
깃들어 있다.

아들의 성장과정에 아버지의 존재를 새겨 넣으며 아내와 진정한 인
생동업의 길을 걷는 저자 김석의 행로를, 나는 '현장남성학'이라 부르
고 싶다.

차례

chapter 4 아들 마음을 헤아려라

chapter 8 극강 캠프

후기 아들을 알아야 행복해진다

게임을 하지 말라고 한다 해서, 그 시간에 아이들이 공부를 할까?
우리 집에서도 실제로 아내가 화가 나서 오늘은 게임을 하지 말라고 하면
아이들은 그 시간을 공부에 투자하지 않는다. 게임 대신 TV를 시청하거나
스마트폰으로 동영상을 보는 다른 놀이를 선택할 뿐이다.

chapter 01

우리 집을 소개합니다

7시간 게임하는 집

A. 게임은 부모의 무기

내가 어릴 적에는 방과 후에 친구들과 축구하는 것이 제일 즐거운 일이었다. 지금 아이들에게는 게임이 즐거운 일이다.

그러나 아내는 아들들이 게임하는 것을 별로 좋아하지 않는다. 공부에 방해가 되고 게임을 오래 하면 정신건강에도 좋지 않다는 것이다. 물론이다. 세계보건기구에서 게임 중독을 질병이라고 한 것을 보아도 게임에는 위험한 요소가 적지 않다.

그렇지만 학원, 과외에 지친 학생들에게는 스트레스를 풀 수 있는 놀이가 있어야 한다. 가령 기타를 치거나, 음악을 듣거나, 축구를 하거나, 영화를 보거나 할 수 있어야 한다. 그런 놀이 중 아이들, 특히 아들이 제일 좋아하는 놀이가 게임이다. 그래서 나는 이 게임을 우리 집의 무기로 삼기로 마음 먹었다.

부모가 아이들이 해야 할 일을 정해줄 수 있지만 실제로 그 일을 하는 것은 아이들이다. 아이들이 그것을 하려면 절실한 무언가가 있어야 한다. 그러나 고등학생이 아닌 아직 어린 초등학생에게는 절실한 무언가를 찾기란 매우 힘들다. 그래서 '당근'(상)이 필요하다.

솔직히 어른인 나도 스트레스를 풀 수 있는 여가생활이 없다면 정말 힘들다. 나는 골프를 좋아한다. 내가 골프 치는 것을 본 사람들은 진료는 하지 않고 날마다 골프만 치느냐고 묻는다. 아니다. 나는 단지 진료를 열심히 한 '상'으로 나에게 골프라는 취미활동을 수여한 것이다.

게임을 하지 말라고 한다 해서, 그 시간에 아이들이 공부를 할까? 우리 집에서도 실제로 아내가 화가 나서 오늘은 게임을 하지 말라고 하면 아들들은 그 시간을 공부에 투자하지 않는다. 게임 대신 TV를 시청하거나 스마트폰으로 동영상을 보는 다른 놀이를 선택할 뿐이다.

'나카무로 마키코 연구팀'이 밝혀낸 바에 따르면, 게임 시간을 1시간 줄여도 남자아이는 최대 1.86분, 여자아이는 최대 2.70분 정도의 학습 시간만 증가하는 것으로 나타났다. 어른들도 마찬가지이다. 일하는 시간이 아닌 쉬는 시간에 당구를 못 치게 한다고 일을 하는 것은 아니다.

게임이 반드시 나쁜 영향을 끼치지는 않는다는 연구 결과도 있다. 하버드 대학의 '커트너 교수팀'은 중학생을 대상으로 '게임이 어떤 영향을 미치는가?'를 연구했는데 롤플레잉 게임처럼 복잡한 게임들은 스트레스를 해소하고 창조성과 인내력을 기르는 데 도움을 주는 것으로 밝혀졌다.

수는 자기 주변에도 공부를 잘하면서 오버워치 다이아몬드 등급인 친구도 있고, 스마트폰으로 하는 게임이 수준급인 친구도 있다고 한다. 그러므로 게임을 놀이로 인정하고 당당하게 즐길 수 있게 해주어야 한다. 아이들에게 게임은 아버지들의 바둑과 같다고 생각해야 한다. 아내들이 남편이 하는 바둑은 괜찮다고 생각하면서 아들이 하는 게임은 무조건 부정적으로 보면 아들을 이해할 수 없게 된다.

게임은
아이들이 하고 싶을 때 하기보다는
해야 할 일을 다 하고 나서 여가생활을 즐길 때 하게 하자!

나는 게임이 부모인 우리에게는 합법적인 무기라고 생각한다.

B. 우리 집 컴퓨터 게임의 법칙

우리 집은 다음과 같이 게임 시간을 정해서 활용하고 있다.

❶ 일주일 동안 할 일을 충실히 했을 때 주말에 몰아서 하게 해준다.

실제 매일 게임을 하게 해주는 것보다 주말에 하게 하는 것이 효율

적이다. 매일 30분씩 하게 하면 그것만 생각하고 할 일을 대충대충 하는 경우가 많다. 그리고 몰아서 하게 했을 경우 아들들은 게임을 실컷 했다고 생각하게 된다.

❷ 학교에서 글짓기상, 그리기상, 성적우수상 등 상을 탔을 때 1시간 게임 시간을 준다.

이 시간은 그날 기분이 좋아지라고 주는 것이어서 평일이라도 허락한다.

❸ 영어단어를 다 맞게 외웠을 때는 30분 게임 시간을 준다.

이 시간은 주말 시간에 더하여 준다. 수는 처음 영어단어를 외울 때 50점을 맞는 경우가 종종 있었는데, 30분 상을 준 후부터는 두 번에 한 번은 영어단어를 100점 맞는다. 아주 효율적이다.

❹ 어느 날 너무 힘들어하거나 애교로 우리를 꾀면 선심 쓰듯이 1시간 하게 한다.

그날은 아빠, 엄마가 천사가 되는 날이다.

❺ 아빠, 엄마가 큰소리로 혼을 내면 4시간 게임을 하게 한다.

❻ 부부싸움을 했을 때는 하루 게임을 하게 한다.

그래서 이 약속을 하고 난 후에는 아직 2년 동안 한 번도 안 싸웠다.

고마운 아들들이다.

❼ 벌칙도 있다.

스마트폰에 게임 앱을 깔면 1주일 컴퓨터 게임 금지, 영어단어 점수
가 70점 이하면 1시간 줄이기 등이다.

❽ 금요일 밤은 1시간, 토요일, 일요일은 2~3시간 하게 한다.

C. 컴퓨터보다 약속이 먼저

초등학교 고학년부터는 컴퓨터가 필요한 시기이다. 한글 파일로 문서
를 작성해야 하고, 파워포인트로 발표 준비도 해야 한다. 이때 컴퓨터
를 구입하게 되면, 당연히 아이들은 게임을 하게 된다. 그래서 나는 컴
퓨터를 구입하기 전에 다음과 같은 계획을 세웠다.

첫째, 컴퓨터는 반드시 거실에 설치한다.
둘째, 컴퓨터 유형은 데스크톱(desktop)으로 정한다.
셋째, 게임은 거실에 있는 데스크톱 컴퓨터로만 한다.

컴퓨터로만 게임을 해야 하는 이유는 스마트폰 게임도 하고 컴퓨터
게임도 할 경우, 게임 시간이 두 배로 늘어날 수 있기 때문이다.
이처럼 컴퓨터를 사기 전에 아들들에게 위의 3가지 조건을 내걸었다.

그리고 스마트폰에 게임 앱을 깔지 않겠다는 '각서'를 요구했다. 아들들은 모든 조건에 'OK'를 했다. 이것이 아들, 즉 남자들의 특성이다. 오로지 눈앞에 나타날 컴퓨터만 생각하기 때문에 무조건 'OK'인 것이다. 그래서 아들들과 협상할 때는 컴퓨터를 사기 전에 무엇을 조건으로 내걸어야 하는지 꼼꼼히 점검해서 약속을 정해야 한다.

거실 설치 시 좋은 점

❶ 안심할 수 있다. 아이들이 무슨 게임을 하는지 알 수 있다.
❷ 게임을 할 때 욕설을 많이 하는데 그런 점도 알 수 있다.
❸ 게임하는 시간을 정확하게 알 수 있다.
❹ 공부를 하는지 게임을 하고 있는지 걱정하지 않아도 된다.

노트북보다 데스크톱이 좋은 점

❶ 게임을 하려면 성능이 좋아야 하는데 노트북으로 게임용 컴퓨터를 구입하려면 두 배 정도의 가격이 든다.
❷ 노트북은 쉽게 들고 다닐 수 있어 거실에서 하다가도 자기 방으로 들고 들어갈 수 있다. (초중고 학생들이 학교에서 노트북 컴퓨터가 필요한 경우는 거의 없다.)
❸ 화면이 큰 데스크톱이 게임을 할 때는 훨씬 재미있다.
❹ 게임을 할 때 마우스, 스피커 등이 필요하다.

컴퓨터 게임이 스마트폰 게임에 비해 좋은 점

❶ 가지고 다니면서 계속할 수 없다.
❷ 스마트폰 게임보다 재미있고 박진감 넘친다.
❸ 유명한 게임은 다 할 수 있다.
❹ 화면이 커서 거북목 같은 장애가 덜 올 수 있다.

우리 집 거실에 설치한 데스크톱의 모습

핸드폰 게임 앱 깔면
1주일 컴터 금지

김숙

홍남애

김현

감수

스마트폰으로 게임을
하지 않겠다는 각서

D. 게임 시간이 늘어나긴 했지만

초등학교 고학년이 되면서 아들들이 본격적으로 게임을 하는 시간이 많아졌다. 오버워치, 롤 같은 게임은 12세 이상 가능하기 때문이다. 그렇지만 학습 시간은 줄어들지 않았다. 오히려 늘었다. 왜일까?

저학년일 때는 좋아하는 만화책 보기, 런닝맨 같은 TV 시청 등을 많이 했지만, 고학년이 되면서부터 여가를 게임에 집중하는 것이다. 그만큼 아이들은 게임을 매우 좋아한다.

나를 봐도 그렇다. 나는 골프를 진짜 좋아해서 연습장을 다닐 때는 다른 취미 생활을 전혀 하지 않았다. 골프에 빠져 스타크래프트 게임을 하거나 친구들과 당구를 치거나 할 겨를이 없었다.

아이들도 게임 시간은 조금 늘었지만, 그날 해야 할 일이 많아도 여유 있게 다 해나가고 있다.

E. 일단 7시간은 주고 시작하자

엄마들이 게임 때문에 가장 화나는 것은 시간 통제가 안 된다는 점일 것이다. 게임의 가장 중요하고 치명적인 문제점은 게임을 하는 시간이다. 부모들은 자녀의 게임을 통제하기보다는 게임 시간을 통제하는 데 초점을 맞춰야 한다.

그럼 몇 시간이 적당할까?

아이들도 일과가 그리 만만치 않다. 아침부터 오후까지 학교생활이 끝나면 저녁 식사 전까지는 학원을 다닌다. 그리고 저녁을 먹고, 조금 쉬다가 숙제를 하고, 목욕 등을 하고 나면 9시 정도가 된다. 게임 시간이 그때부터 주어지는 것이다. 그래서 평일에는 1시간 정도가 적당하다.

그러나 게임을 하다 보면 1시간은 금방 지나간다. 그리고 1시간 정도가 지나서야 손이 풀리고 이제 좀 본격적으로 시작해 볼까 하는 생각이 든다. 그래서 나는 평일보다 주말에 몰아서 하는 것을 아들에게 제안했다.

토·일요일 2시간 30분씩, 금요일 1시간. 그 외 의논한 후에 1시간 더해서 총 7시간. 주말에 2시간~3시간 하면 주중에 쌓였던 스트레스도 거의 풀리고, 주중에는 게임을 안 해도 되겠다는 생각이 들 것 같아서였다.

아들들은 좋다고 했고, 우리는 합의서를 써서 벽에 붙였다.

일주일에 7시간은 그리 많은 시간이 아니다. 게임물 관리위원회의 〈2019년 게임물 등급분류제도 인지도 및 활용도 조사 결과 보고서〉를 보면 초등학생 고학년과 20대 이하 청소년은 주당 평균 8.8시간을 게임에 소비하고 있다.

우리 집은 보통 1년마다 다시 규칙을 정하고 있다. 그리고 정한 규칙에 따라 반드시 시간을 종이에 적어 벽에 붙인다. 그렇게 하지 않고 일주일이 지나면 정해놓은 시간이 몇 분인지 희미해진다. 아이들은 더 많은 시간이라고 하고, 부모들은 적은 시간이라고 한다. 그래서 반드시 적어서 벽에 붙여놓아야 하는 것이다.

F. 환상을 깨는 벽시계

우리 집에 자주 일어나는 일이 있다. 게임을 시작할 때 미처 시간을 확인하지 못한 아내는 적어도 30분은 지난 것 같아 아들들에게 "아들들, 언제 시작했어?" 하고 물으면, 두 아들이 동시에 답한다. "방금."

이런 일이 빈번하다. 그래서 게임을 시작하는 시각과 끝내는 시각을 서로 말하는 객관적인 시간 확인이 필요하다.

게임 시간

금요일. 숙제 마치고 30분
토요일   1시간 30분
일요일   2시간

추가   영어단어 : 1시간 2번 1시간30분
              (주말에 추가)
목요. 화장실 청소
(1주일 어기면) }→ 주말에 10분추가
              어기면 우리 1번
              추가 3번
              (천도후 1주일금지)

컴퓨터 게임 시간을 정한 각서

우리 집 거실에는 큰 전자시계가 걸려 있다. 게임을 시작할 때 아이들에게 꼭 시간을 말해 준다.

"지금 10시 30분이니까 11시 30분까지 하는 거다"라고 말하면 아들들의 답은 다르다.

"지금 10시 40분에 시작하는 거예요."

인정! 나는 당연하다는 듯이 말한다.

"그럼 11시 40분까지다."

평화롭게 시간이 흘러간다.

게임을 하면 시간 감각이 둔해진다. 두 아들이 게임을 할 때 오늘은

1시간만 하겠다고 엄마 아빠에게 말해놓고는 1시간이 지나고 2시간이 되어도 시간 가는 줄 모른다. 엄마가 약속 안 지킨다고 뭐라고 하면 그때서야 깜짝 놀라며 "벌써 2시간이나 지났네"라고 한다.

아이들은 자기들이 시간을 지킬 수 있다고 하지만 그것은 착각이다. 하버드대학교 심리학자 앨런 랭어(Ellen Langer) 교수에 의하면 사람들은 자신이 영향력을 행사할 수 없는 상황에서도 자신이 통제력을 지니고 있다고 믿을 때가 있다고 한다. 즉 자신만 열심히 잘하면 원하는 대로 될 것이라고 믿는다는 것이다. 그래서 자신이 통제할 수 없는 일인데도 마치 통제할 수 있는 것처럼 행동한다.

아이들은 거짓말을 하려고 거짓말을 하는 것이 아니다. 게임이 그렇다. 시작할 때는 스스로 통제할 수 있다고 믿지만, 사실은 그럴 수 없는 것이다. 게임을 하는 시간을 내버려 두면 지키기가 어렵다. 그래서

우리 집 거실 벽에 설치한 벽시계

우리 집은 거실에 벽시계를 걸어 놓고, 스포츠 게임처럼 시작하는 시간과 마치는 시간을 공유하고 있다.

G. 게임은 아들의 권리

부모 편에서는 '게임은 공부에 도움이 안 돼, 인생에 도움이 안 돼'라고 생각한다.

한국콘텐츠진흥원의 〈2019년 게임 이용자 실태 조사 보고서〉에 따르면 취학 자녀가 있는 응답자들 589명에게 자녀의 게임 이용에 대한 대응 방법을 조사한 결과, 조사 대상자의 절반 이상(50.9%)이 게임은 자녀의 학업에 방해가 된다고 생각하고 있다.

아이들이 왜 게임을 하는지 부모가 정확히 알고 있어야 하는 아주 유익한 통계자료다. 이렇듯 아이들은 게임을 재미있어서 한다. 즉 학업에 대한 스트레스를 푸는데 요즘 남자아이들은 게임을 하면서 푸는 경우가 대부분이다. 실제로 게임을 하는 이유를 조사한 결과, '스트레스 해소를 위해'가 가장 높은 비율(30.4%)을 차지했다.

걱정된다고 무조건 막을 수는 없다. 재미가 중독으로 빠지지 않도록 하기 위해서는 우선 게임이 아이들의 스트레스 해소법임을 인정하고, 절충해서 해결 방법을 모색해야 한다.

아내는 아들들이 게임을 하는 것을 드러내놓고 좋아하지는 않지만, 나는 게임하는 모습을 보면 기쁘기 짝이 없다. 아들들이 마구잡이로 게임을 하는 것이 아니라 자기가 해야 할 일을 성실히 다 하고 나서 게임을 하기 때문이다.

그래서 나는 아들들한테 이렇게 말한다.

"아들들이 게임을 하는 것은 1주일 동안 열심히 지낸 결과로 하는 것이기에 당연하고, 아빠도 그 모습을 보니 정말 기쁘다"라고.

그리고 게임은 엄마, 아빠가 하게 해주는 것이 아니다. 아이들이 하는 것이다. 당연히 의무를 다했으니까 자기 권리를 누리는 것이다. 부모들은 아이들에게 게임을 하게 해준다고 생각하지만, 우리가 게임을 하게 해주는 위치에 있는 사람이 아니다. 그저 아이들이 의무를 다했는가를 점검할 뿐이다.

게임을 하게 할 때 한 시간을 하더라도 엄마 아빠 눈치를 보면서 하게 하기보다는 당연히 누려야 할 권리를 누리는 것임을 알게 해주어야 한다. 그래야 아이들이 의무를 다하려 노력한다.

그러므로 나는 아이들이 게임을 하고 있으면 기쁘다.

게임은 너희들의 권리다,

당당하게 즐겨라!

H. 똑같은 컴퓨터 2대

아들들이 컴퓨터로 게임을 하기 시작하면서 한 가지 큰 문제가 생겼다. 한 아들이 게임을 하는 동안에 다른 아들은 그걸 지켜보는 것이다. 주말에는 게임을 구경하는 시간과 실제로 하는 시간이 더해져서 게임에 소모하는 시간이 두 배가 되는 것을 보고 있자니 걱정이 되었다.

처음에는 옆에서 보는 것도 하는 거랑 마찬가지라고 설명을 해 보기도 했지만 잘 먹히지 않았다. 고민하다가 결단을 내렸다. 그래, 똑같은 컴퓨터를 1대 더 구입하자! 이 계획을 말했을 때 나는 아내에게 맞을 뻔했다.

"지금 있는 저 컴퓨터도 버리고 싶은데 그게 말이 되냐!"

불같이 화내는 아내를 천천히 설득했다.

1대 더 사면 돈은 들지만, 아들들은 게임과 관련된 시간이 줄어들 것이고, 같이 게임을 하면 더 재미있게 할 수 있을 것이라고.

아내도 게임을 하는 아들보다 게임을 지켜보는 아들이 더 이해가 안 됐다며 수긍하기 시작했다. 긴 논의 끝에 컴퓨터를 1대 더 사게 되었다.

2대를 설치하고 난 후 게임을 동시에 하니까 게임에 관련된 시간이 반으로 확 줄었다. 아내도 은근히 잘했다 싶은 눈치였다. 나도 대만족이었다. 아들들은 오버워치 게임을 할 때 같은 편, 다른 편, 일 대 일 등으로 서로 다양하게 하고, 혼자 할 때보다 훨씬 더 재미있어 했다.

컴퓨터 2대 설치하고 좋아진 점

❶ 일 대 일 게임 등 서로 경쟁하면서 할 수 있다. 게임은 원래 지인들이랑 하는 것이 재미있다.
❷ 시험이 끝나거나 여유가 있을 때 친구들을 집으로 불러 같이 할 수 있다.
❸ 아빠도 스타크래프트를 좋아하는데 아들 한 명이 학원을 가거나 수련회를 가면 남아 있는 아들이랑 같이 게임을 할 수 있다.

2대 설치할 때 알아야 할 점

❶ 2대 사양이 똑같아야 한다. 안 그러면 서로 좋은 것으로 하려고 한다.
❷ 화면 크기도 똑같아야 한다.

I. 마지막 판에 대하여

컴퓨터 게임을 해본 사람은 알겠지만, 시간이 진짜 빨리 간다. 그리고 끝날 시간이 다가와도 마지막 판이 언제 끝날지 모른다. 제한된 시간에 딱 맞추어서 끝내기란 정말 어렵다. 엄마들은 끝낼 시간이 되어 가면 다음 판은 하지 말아야 한다고 생각하지만, 게임이 재미있는 아들들은 그런 생각을 결코 중간에 하지 못한다.

마지막 판에 대한 의견 조율

❶ 마지막 판이 5분을 초과할 때면 그냥 넘어가는 것으로 한다.
❷ 10분을 초과하면 다음번 게임 시간에서 제하는 것으로 한다.
❸ 30분을 초과하면 초과한 시간에 1.5배를 곱해서 다음번 게임에서 제하는 것으로 한다.

이렇게 마지막 판에 대해 서로 의견 조율을 하고 나면 웬만해서는 30

분이 지나도록 계속하는 일이 없다. "이제 시간 끝났어!"라고 말하면 아들들은 더 집중해서 게임을 빨리 끝내려고 한다.

엄마들은 알아야 한다. 마지막 판이 얼마나 중요한지를. 그리고 중간에 끄거나 그만하라고 하면 안 된다는 것을. 마치 인기 드라마가 끝나고 예고편이 나오는데 남편이 다른 채널로 돌렸을 때와 같은 마음일 거다. 게임 중간에 나가버리는 것은 친구들과 같이 술을 마시다가 중간에 말없이 집에 가버리는 것과 비슷하다. 더구나 중간에 나가면 벌칙을 받는다. 기껏 2시간 기분 좋게 게임을 하게 해 놓고는 관계를 최악으로 만드는 '투자 대실패'가 되는 것이다. 마지막 판은 반드시 보호해 주어야 관계가 평화롭다.

J. 게임에 대해 알아야 할 점

❶ 하면 안 되는 게임은 약속을 정해서 못 하게 하면 된다.
리니지, RPG 같은 전략 시뮬레이션 게임은 하지 않는 것이 좋다. 이 게임은 하면 할수록 캐릭터에 힘이 세지고, 아이템을 얻을 수 있어 시간 투자가 많아지는 소위 '노가다' 게임이다.(스타크래프트, 오버워치, LOL(롤), 배틀그라운드 게임은 그때그때 끝나는 게임이다.)

❷ 게임 중간에 끄는 것은 절대 안 된다. 화가 난다고 중간에 꺼버리면 벌칙을 받는다.

- 오버워치 게임 벌칙: 몇 시간 동안 게임 못하고 경험치 얻은 것을 75% 깎임
- 롤 게임 벌칙: 5게임 동안 게임 하기 전에 20분 기다려야 함

❸ 농구나 축구에 게임 시간이 있듯이 게임도 한 판에 걸리는 시간이 있다.

- 스타크래프트 : 10~30분 정도, 오래 하면 1시간도 걸린다.
- LOL(롤) : 20분~1시간 정도 걸린다.
- 오버워치 : 10분~20분 정도 걸린다.
- 배틀그라운드 : 5분에서 30분 정도 걸린다.
- 리니지, RPG는 한판이라는 개념이 없다. 그래서 하게 하면 안 된다.

❹ 게임 머니가 필요하다.

- 스타크래프트 : 처음에만 1만원 정도 든다.
- 오버워치 : 처음에만 2만5000원~4만5000원 정도, 캐릭터 아이템은 1만 원 정도 든다.
- LOL : 처음에는 돈 안 들고, 아이템은 1만 원이다.
- 배틀그라운드 : 처음에는 3만2000원, 아이템은 5000원에서 1만 원 정도 든다.
- 리니지 : 1만원~100만원 이상도 들 수 있다. 그래서 하게 하면 안 된다.

게임을 할 때 아이템 구매를 위해 돈이 필요할 때가 있다. 대부분 부

모의 도움을 받거나 문화상품권으로 구입한다. 그런데 생각보다 돈이 많이 드는 경우가 있는데, 이럴 때 부모 돈을 훔치거나 부모 스마트폰으로 아이템을 구하는 경우가 있다. 그래서 게임을 할 때 게임머니가 어떻게 쓰이고, 어느 정도 필요한지 미리 알아두는 것이 필요하다.

❺ 친구들이랑 같이할 때는 같은 시간에 접속해 한 팀이 되어 경기하는 게 더 재미있다.

친구들과 할 때는 시간적 여유를 주어야 한다. 30분 정도 지나야 손발이 맞아서 게임이 재미있어진다. 2시간 정도가 적당하다.

❻ 아시안 게임에 스타크래프트, LOL이 시범종목, 정식종목이 되었다.

학교에서도 반 대항전을 할 수 있다. 이때는 가능하면 허락해주어야 한다. 예전에는 방과 후에 반 대항으로 축구 경기를 했으나 지금은 게임을 하는 것이니까.

❼ 게임에도 나이가 있다.

오버워치 12세, 배틀그라운드 15세, 리그오브레전드(롤 - LOL) 12세, 스타크래프트 12세, 카트라이더 전 연령, FIFA 전 연령, 브롤스타즈 전 연령 가능하다.

부모들은 자녀가 게임을 많이 한다고 걱정하기보다는 어떤 게임을 하는지, 유해한 게임은 아닌지, 부작용은 없는지 등을 알아야 한다.

이런 경우에 게임물관리위원회(www.grac.or.kr)에 들어가 보면 정말 많은 정보를 알 수 있다. 대표적으로 '이용등급 표시'를 확인할 수 있는데, 등급 분류는 선정성, 폭력성, 범죄 및 약물, 부적절한 언어, 사행성을 기준으로 두어 종합적으로 고려한다. 그리고 또래 아이들이 주당 몇 시간의 게임을 하는지 객관적인 자료가 나와 있어서 아이들에게 말해 줄 수 있다.

⑧ 욕설에 노출되기 쉽다

전체 응답자의 63.7%는 최근 1년 이내 게임 이용 시 욕설 및 언어 폭력 피해를 경험한 것으로 나타났다. 특히 20대, 만 17세 이하 청소년의 피해 경험이 상대적으로 높은 편이다. 초등학생의 경우는 일반 표본 게임이용자 전체보다 낮은 50.9%가 피해 경험이 있는 것으로 나타났다.

게임할 때 하는 욕설은 상대방이 나에게 하는 욕설, 내가 하는 욕설, 채팅창에 하는 욕설 등이 있는데 게임을 통제가 되는 거실에서 이런 욕설을 하고 있으면 그 자체로도 많이 줄일 수 있다. 또 부모들이 지속해서 지적해주어도 좋다. 그래서 컴퓨터를 데스크톱으로 사야 하고, 거실에 설치해야 한다.

K. 전두엽과 대화하기

청소년기에는 전두엽이 완성되지 않은 미성숙한 상태이다. 전두엽은 주로 생각과 판단 등을 관리하는데 합리적 생각을 이끄는 중심적인 역할을 담당하고 있다. 그러므로 한창 성장해야 하는 나이 어린 학생들이 게임에 몰입하면 뇌는 반복적으로 단순 자극을 받게 된다. 또 게임 특성상 오래 기다리지 않고 바로 결과가 나와 참을성 없게 만들기도 한다.

여러 연구 결과 게임 중독에 빠진 아이들은 뇌의 전두엽 기능이 보통 아이보다 떨어지는 것으로 나타났다. 그래서 전두엽의 기능을 키워야 하는 청소년기에 게임은 유해하다는 사실을 알려줘야 한다.

L. 게임의 힘

코로나19로 인해 아이들 방학이 길어졌다. 그냥 두면 아들들이 집에서 많이 다툴 것으로 보여 방학 시간표를 아들들과 의논해서 결정했다. 시간표는 여유 있게 짰다. 학원 가는 시간까지 포함해서 공부 시간이 7시간 30분이다. 아들들도 "이 정도는 쉽지" 하면서 좋다고 했다. 그 대신 게임 시간이 많아졌다 1주일에 7시간 정도 하는 시간이 하루 3시간. 1주일에 21시간이 된 것이다.

3일까지는 정확히 지켜졌지만, 시간이 지날수록 게임 시간은 정확히 지키고 공부 시간은 안 지키는 경향이 생겨서 아들들과 자주 다투게 되었다. 일어나는 시간을 9시 30분으로 했고 10시부터 공부하는 시간이었지만 11시에 일어나는 날이 많아졌다. 그러던 중 아들들에게 "기상 시간을 지켜야 하지 않겠냐. 이렇게 하면 공부 시간은 적어진다"라고 말했다. 아들들과 이런 이야기를 하던 중 나는 별 생각 없이 "그럼 7시간 30분만 공부하면 그 외 시간은 맘대로 해도 된다"라고 했다. 아들들이 "그 말 진짜지?" 하면서 둘이 무슨 이야기를 하면서 잠을 자러 들어갔다.

그다음 날 아침 7시가 되니 둘 다 일어나서 공부를 시작한다. 그러고는 '오늘의 우리 시간표'라고 보여준다. 공부를 계속하고 4시 30분이 되면 게임을 할 것이라고 한다. 우리 부부는 그냥 지켜보기로 했다. 아들들은 진짜 4시 30분까지 식사 시간만 빼고는 집중해서 자기 할 일들을 했다. 이것을 본 아내는 "게임의 힘이 이렇게 클 줄이야 몰랐네, 참 대단하다" 이런다.

코로나19 때문에 방학이 길어져서 지루하게 보내고 있는 아들들에게 조금이나마 활력을 넣어주고자 이런 방법을 생각해낸 것이다. 물론 게임을 하루에 5시간 정도 하는 것은 좋지 않다. 그렇지만 지금 2주 정도 길어진 방학을 슬기롭게 보내는 방법으로는 괜찮다. 지루하게만 느껴지는 기간을 슬기롭게 보내는 방법일 수 있다.

아이들도 공부가 중요하다는 것을 알고 있다. 그렇지만 게임이 훨씬 재미있고 하고 싶은 일이다. 부모들은 아이들이 자기 할 일을 충실히 하기를 바란다. 그 외 시간은 아이들 하고 싶은 일, 재미있는 일을 하게 놔두는 것도 좋은 방법이다. 너무 욕심내서 아이들을 힘들게 하기보다는 아이들이 좋아하는 것을 맘껏 하게 하고 자기 할 일을 하게 하는 방법도 고려해 볼 만하다.

M. 아빠도 허락 받고 게임하기

나는 스타크래프트라는 게임을 좋아한다. 이 게임을 하고 나면 스트레스가 풀릴 정도다. 이렇게 게임을 좋아해도 집에서는 마음 놓고 하지 못한다. 아들들 때문이다. 집에는 컴퓨터 2대가 있는데 두 아들이 할 때 나는 못 한다. 그리고 평상시 아들들이 하지 않을 때 내가 잠깐 하고 있으면 아들들은 "아빠는 할 일 다하고 게임 하는 거야?"라고 묻곤 한다.

아들들은 게임을 하기 전에 약속한 것을 해야 한다. 숙제, 책 읽기, 학원 가기 등이다. 이것을 다해야 금·토·일요일에 게임을 할 수 있다. 아들들도 "아빠도 자유롭게 하지 말고 병원에서 환자를 많이 보는 날만 하라"고 제안한다. 나도 그러겠다고 했다. 그러나 요즘은 코로나19로 인해 환자 수가 줄어들어 컴퓨터를 아예 하지도 못한다. 그래서 아들들에게 "오늘만큼은 좀 봐달라"고, "아빠도 하고 싶다"고 허락을 받는다.

나는 이런 내 행동이 중요한 것 같다. 주위를 보면 아빠들도 게임을 종종 하는 경우가 있다. 그리고 통제 없이(통제할 수 있는 사람이 없다) 하는 경우가 많다. 그리고 아들들은 아빠 모습을 보면서 아빠는 그렇게 많이 하면서 나만 하지 말라고 한다고 속으로 생각할 것이다.

아빠들도 아이들과 약속을 해야 한다. 아빠도 어떤 경우에 게임을 할 수 있는지 약속하는 것이다. 내가 가진 권력(?)으로 무조건 나는 게임을 해도 된다고 생각하는 것 자체가 아이들에게는 불공평한 일 아닌가. 그래서 나도 게임을 할 때는 내가 해야 할 일을 다 하고 나서야 게임을 한다. 그래야 아들들도 '자기 할 일을 다하고 나서 해야 하는구나'라고 스스로 느낄 것이다.

N. 게임하는 아이 보며 웃어주기

부모들, 특히 엄마들은 게임에 대해 인정을 하지 않는다. 게임 안 하면 안 되나, 그러면서 게임을 너무 재미있게 하는 아들을 이해가 안 되는 얼굴로 쳐다보기가 일쑤다. 게임은 인생에서 필요 없는 것으로 생각하는 경우가 많다. 이런 생각이 게임을 가지고 보상을 하는 계약을 어렵게 만드는 요인이다.

게임을 좋은 무기로 사용하기 위해서는 아들들이 제일 좋아하는 것이 게임임을 인정해주어야 하고 아들이 하는 게임에 관해 공부해야 한다. 그래야 원만한 계약을 할 수 있다. 아이들과 계약을 할 때 부모들은 대부분 부모 편에서 좋아하는 것을 아이들이 다하면 칭찬할 것이다. "오늘 숙제를 다 하고 책을 다 읽었구나" 하면서 좋아할 것이다. 그러나 아들들은 해야 할 일보다는 지금 하는 게임에 대해 인정을 받기를 원할 것이다.

나는 어렸을 때 텔레비전으로 야구 중계를 즐겨 보았다. 그때는 지금처럼 야구 중계가 매일 있지 않았다. 중학교 시절에는 주말에 야구 중계를 보는 일이 가장 즐거운 여가활동이었다. 그중에서도 MBC 청룡(현 LG 트윈스 전신)이 나오는 경기는 반드시 챙겨서 보았다. 어머니는 야구를 잘 모르시는 분이었다. 그래서 특히 시험 기간에 야구를 보면 잔소리를 많이 하셨다. 야구를 시작하고 2시간 정도 지나면 화를 내기 시작하셨다. "언제까지 야구를 계속 볼 거냐"라며 화를 내시는 것이다. 야구는 7회 말부터가 더 재미있어 나는 어머니에게 "이제 곧 끝나"라고 말하고 눈치를 보면서 야구를 보았다. 그런데 어머니가 화가 많이 나셔서 3시간 정도가 지나면 참다못해 화를 크게 내시거나 심할 때는 텔레비전을 확 꺼 버리셨다. 나는 9회를 꼭 봐야 하는데 보지 못해 매우 속상한 마음이 들었지만 하는 수 없이 공부하러 방으로 들어가곤 했다.

이런 일이 지금 생각이 난다. 그때 어머니가 야구 중계를 인정하고 야구에 대해 어느 정도를 봐야 하는지를 아셨다면 나는 더 편하게 야구 중계를 볼 수 있었을 것이다. 또 어머니는 '야구를 보려면 먼저 할 일을 다 하고 나서 보라'고 말씀하실 수도 있었을 것이다. 그러면 나는 야구 중계방송을 보기 위해 내가 할 일을 먼저 했을 것이다. 야구 중계를 보는 것이 그 무엇보다 재미있었기 때문이다.

저마다 어릴 때 좋아하는 일들이 있었을 것이다. 가령 서태지와 아이들을 좋아하는 엄마들은 청소년 시절에 음악 프로그램을 모두 다 챙겨서 봤을 것이다. 혹시라도 서태지와 아이들이 나올까 해서 말이다. 그러면 부모님들은 공부는 안 하고 맨날 그것만 보고 있느냐고 핀잔하셨을 것이다. 지금은 엄마가 된 소녀들은 또 그런 부모가 싫었을 것이고 기어이 숨어서라도 보곤 했을 것이다.

아들들이 무엇을 좋아하는지 관심을 갖고 또 그것을 인정해주는 것이 필요하다. 나도 게임을 좋아하는데, 특히 스타크래프트를 하면 스트레스가 풀리고, 가끔 친구들과 게임을 같이 하면 즐거워진다. 그러면 다음 날도 내가 하는 일에 힘이 난다. '나도 이런데 아들들은 오죽하겠어'라는 생각을 한다. 아들들은 대부분 게임을 좋아한다. 그러므로 부모들은 게임이 지니는 순기능을 인정해야 한다. 이것이 게임을 좋은 무기로 활용할 수 있는 시작점이다.

아이가 게임을 하고 있으면 슬쩍 옆으로 가 웃으면서 봐줘라.

"우리 아들 게임 대박 잘하네!"

그러면 '내가 게임을 하는 것을 인정해주시는구나'라고 생각할 것이고 게임을 눈치 보면서 하지 않는 아들이 되어 간다. 또 자신이 게임을 하는 것을 권리라고 생각하고 자기가 해야 할 의무를 다하려고 애쓰는 아들이 되어 간다.

바구니가 필요한 집

A. 스마트폰 언제 사줘야 할까

스티브 잡스가 아이패드를 개발하고 발표하는 자리에서 기자들이 물었다.

"당신의 아이들은 어떻게 하고 있나요?"

"나는 아이들에게 스마트폰을 주지 않습니다." 스티브 잡스의 대답이다.

빌 게이츠 또한 자녀들이 대학생이어도 식사할 때는 스마트폰을 하지 못하게 한다.

미국에는 '중2까지 기다리자(wait until 8th)'라는 캠페인이 있다. 2017년에 시작된 이 캠페인에 참여하려면 캠페인 사이트에 들어가 자녀에게 스마트폰 사주는 시기를 중학교 2학년까지 기다리겠다고 서약만 하면 된다. 서약에 동참한 같은 학교 학부모가 최소 10명이 되면 서로 누구인지 알 수 있다. 서로를 알게 된 부모들은 자신만 이 문제를 고민했다는 착각에서 벗어나 아이가 다니는 학교에서도 함께 실천할 수 있는 동료가 있음을 확인하게 된다. 스마트폰이 없으면 또래들로부터 소외되는 아이가 될 것 같은 두려움과 괴롭힘의 대상이 될 수 있다는 걱정 때문에 부모는 어린 자녀에게 할 수 없이 스마트폰을 사주게 된다. 이 캠페인은 바로 이 문제를 해결하기 위한 작은 실천이었다.

나 또한 스마트폰을 가능하면 늦게 사주고 싶었지만 '중2까지 기다리자(wait until 8th)'가 우리나라 현실에서 적용될 때까지 기다리기는 너무 어렵다. 대부분 초등학교 고학년이 되면 스마트폰을 가지고 있기 때문이다. 그래서 일단 시간을 끌기 위해 수에게 쉽지 않은 제안을 했다. 국술원에서 검은 띠를 따면 스마트폰을 사주겠다고 말이다. 계속 실패했지만, 약속이 있었기 때문에 조르지 않고 기다렸다. 이를 안타깝게 여긴 나의 아버지가 새로운 제안을 하셨다. 학교 시험에서 모두 100점을 맞으면 사주겠다고 말이다.
수는 4학년 때부터 노력했지만 성공하지 못하다가 6학년 기말고사에서 성공했다. 할아버지는 즉각 사주셨다.

아이 인생에서 쉽게 이루기는 힘들지만 도움이 되는 목표를 세워서 성취했을 때 사주면 스마트폰을 사용하는 생각도 진지해질 수 있다. 돈을 어렵사리 모아서 차를 산 사람이 그 차를 아끼듯이 말이다.

현에게도 제안한 사항이 있었지만, 현은 제안을 실행하지 못했고, 형과 똑같이 시험을 잘 보면 사주겠다고 약속을 변경했다. 비슷하게 6학년이 되어서야 현은 목표를 이룰 수 있었다. 그러나 또 하나 약속한 게 있다. 목표를 이루지 못하더라도 형에게 스마트폰을 사준 나이가 되면 사주겠다는 것이었다.

B. 스몸비 계약서 작성법

스마트폰을 사주기 전부터 나는 나름대로 고민을 많이 했다. 스마트폰을 사고 나서 어떻게 가지고 다닐 것인가. 이때가 원칙을 가장 쉽게 세울 수 있는 시기이다. 아들들은 스마트폰을 산다는 생각에 너무 좋은 나머지 모든 걸 그렇게 하겠다고 약속하기 때문이다. 그러므로 스마트폰을 사고 난 다음에 원칙을 정하면 너무 늦는다.

나는 수에게 다음과 같은 스마트폰 사용 원칙을 제시했고, 수는 당연히 그렇게 하겠다며 쉽게 약속했다. 구입 자체가 대만족이므로. 2년 후에 현도 똑같은 원칙으로 쉽게 계약했다.

스마트폰 사용 원칙

❶ 길에서 걸어 다니면서 사용하면 한 달 금지: 누군가 봐서 증거가 없어도 해당하는 사항
❷ 잘 때는 거실에 놓고 자기, 나중에는 안방에 있는 스마트폰 바구니에 놓고 자는 걸로 바꿨다.
❸ 시간 정해서 하기
❹ 한 달에 한 번 엄마에게 스마트폰 보여주기

이 원칙 가운데서 내가 가장 중요시한 것은 1번이었다. 손에서 스마트폰을 놓지 않는 사람들이 급증하면서 실제로 스몸비(Smombie)라 신조어가 생겨났다. 스몸비는 스마트폰(Smart phone)과 좀비(zombie)의 합성어로 길을 걸을 때 스마트폰에 집중하느라 고개를 숙인 채 느릿느릿 걷는 것을 말한다.

중학생이 되면서 교통사고율이 높아지는 것도 걸어 다니면서 스마트폰을 보는 것과 관련이 있다고 한다. 나도 운전하다 보면 너무 위험하다. 그래서 걸어 다니면서 하지 않기에 대한 벌칙을 가장 높게 잡았다.

그러나 결코 쉽지 않았다. 한번은 차에서 과외를 다녀오는 수를 기다리고 있었다. 그런데 수가 스마트폰을 하면서 걸어오는 게 아닌가. 현과 그 모습을 지켜보던 나는 곧바로 동영상을 찍었다. 수는 잘못했다며 한 달 동안 스마트폰 사용을 하지 않겠다고 했다.

즉각 반성하고 자진해서 약속을 지키려는 아들이 기특해서 선심을 썼다.

"이번만은 봐줄게!"

다음은 '네이버 문동봉답 블로그: 아이에게 스마트폰 사용 규칙을 정해주세요'에 나와 있는 규칙들인데 좋은 것이 많아서 인용했다. 너무 규칙이 많아도 지키기 어렵기에 자세히 살펴보고 꼭 필요한 것을 아이들과 약속하는 것이 좋겠다.

안전을 위한 사용 규칙

- 야외에서 길을 걸으면서 스마트폰을 사용하지 않는다.
- 인적이 드문 곳에서는 이어폰으로 크게 음악을 듣지 않는다.
- 버스에 탄 후 서서 스마트폰을 하지 않는다.
- 자리에 앉아 스마트폰을 하더라도 주변을 둘러보며 자신의 위치를 확인하도록 한다.
- 다른 사람과 식사하거나 대화하는 자리에서 스마트폰을 하지 않는다.
- 공공장소나 대중교통에서 다른 사람과 가깝게 있을 때 개인적인 문자나 정보 입력은 하지 않는다.
- 모르는 사람에게서 온 메시지나 URL을 확인하지 않는다.

가정에서의 사용 규칙

- 9시 이후에는 스마트폰을 하지 않는다.
- 스마트폰 충전은 거실 등의 가족 공용 공간에서만 한다.
- 잠자기 전에 스마트폰은 거실에 두고 들어간다.
- 공부하는 동안 SNS 등의 알림을 끄고 스마트폰은 부모님에게 맡긴다.
- 가족이 식사하는 자리에 스마트폰을 들고 오지 않는다.
- 새로운 앱을 설치할 때는 부모님의 허락을 받는다.
- 스마트폰을 사용하는 시간은 1일 1시간 이내로 한다.
  (시간은 부모가 정한다.)

다른 사람을 위해 지켜야 할 규칙

- 다른 사람의 허락 없이 사진을 함부로 찍지 않는다.
- 친구의 마음을 아프게 하는 대화를 하지 않는다.
- 공공장소에서 큰 목소리로 통화하지 않는다.
- 타인의 콘텐츠를 공유해도 되는지 출처를 확인한다.
- 확인되지 않은 좋지 않은 내용의 정보는 공유하지 않는다.
- 내가 들어서 기분이 나쁠 것 같은 표현은 다른 사람에게 하지 않는다.

경제적인 규칙

- 과도한 사진이나 영상으로 인한 데이터 낭비를 하지 않는다.
- 스마트폰을 고장 낸 경우의 수리비는 본인이 부담한다. (기계를 조심해서 다루도록 하고, 스마트폰 수리나 교체를 위한 저축도 가르칠 수 있다.)

C. 스마트폰의 유혹은 생각보다 크고 강하다

설날에 친척들이 한자리에 모였다. 그런데 사촌형의 아들 삼 형제는 모두 화난 표정으로 앉아있었다. 중학교 2학년, 초등학교 5학년, 3학년. 이들 가운데 큰아이가 그 전날 종일 스마트폰을 하다가 아빠한테 혼났다는 것이다. 그런데 아빠가 안 보이자 삼 형제는 다시 스마트폰을 하기 시작했고, "어제 그렇게 혼나고 또 하냐"는 엄마 말에 사춘기인 큰아이는 말대꾸를 했고 동생들도 표정들이 안 좋을 수밖에 없었다.

아들들을 믿고 잘 때도 스마트폰을 각자 가지고 자라고 했는데 새벽에도 스마트폰을 해서 몇 번 혼을 냈다는 형수님의 이야기를 들었다. 그 순간 생선 집을 고양이에게 맡긴 것 같은 기분이 들었다.

나도 우리 아들들을 믿는다. 그렇지만 당연히 미성년자이고, 아직 중학교 이하의 학생이기 때문에 스스로 스마트폰을 통제하기가 어렵다고 생각한다.

스마트폰을 가지고 있으면 당연히 새벽에도 하고 싶다. 기회만 된다면 밤새 스마트폰을 할 것이다. 왜냐하면 새벽에는 부모님의 통제가 없을 뿐만 아니라 스마트폰을 하게 되면 시간 가는 줄도 모를 만큼 재미있기 때문이다.

아들을 못 믿어서 스마트폰을 가지고 못 자게 하는 것이 아니다. 이것은 아직 자제력이 부족한 아이들에게 부모가 챙겨주어야 하는 중요한 문제다. 아들을 믿어야 한다. 그렇지만 아이들에게 스마트폰의 유혹은 생각보다 깊고 강하다.

D. 스마트폰이 바구니에 들어가니

수가 스마트폰을 사고 나서 카카오톡 단체방에서 대화를 오래 하는 일이 점점 많아졌다. 화장실 갈 때도 10여 분 넘게 하루에 2~3차례 하고, 목욕할 때, 학원 다녀오고 나서도 스마트폰을 손에서 내려놓기가 힘들어지고 있었다. 그러던 중 다음과 같은 김현수(정신과 전문의, 성장학교 '별' 교장) 선생님의 기사를 읽었다.

> "스마트폰의 경우 집에 바구니를 만들어 일정 시간 이후에는 가족 모두가 바구니에 스마트폰을 보관하는 것도 방법이다. 스마트폰을 바구니에 보관하는 시간도 가족회의로 정해야 한다. 급한 일이 있을 때는 바구니 앞에서 스마트폰을 사용하면 된다. 그 어떤 상황에서도 방 안에 스마트폰을 가져가게 하지 않는 것이 좋다."

이 글을 읽은 나는 바로 아들과 많은 대화를 시도했다.
"아빠가 보기에 스마트폰을 너무 오래 하는 것 같아. 할 일이 있는데 집중을 못 하는 것 같고, 그래서 걱정이 되는데 아들 생각은 어때?"라고 물었다.
"아빠, 카카오 단체방은 게임을 하는 애들과의 대화야."
이해는 하지만 나로서는 이렇게 제안하지 않을 수 없었다.
"안 하면 안 되겠니?"
"그럼 아빠는 페이스북 안 할 수 있어?"
나는 즉각 안 할 수 있다고 했다. 아들이 스마트폰을 줄일 수만 있다면 내가 페이스북을 끊는 노력은 아무것도 아니기 때문이다.

우리는 스마트폰 바구니를 만들기로 전격 합의했다. 나는 곧장 마트에 가서 멀티 충전기를 샀다. 스마트폰 4개를 충전하기 위해서다. 알람시계도 2개를 구입했다. 이제까지는 스마트폰 알람으로 일어났지만, 앞으로는 알람시계로 일어나기 위해서였다.

스마트폰 바구니를 설치한 첫날, 집에 와서 스마트폰을 바구니에 넣고 모임에 갔다. 스마트폰 없이 가니 사람들에게 집중할 수 있고 너무 편했다. 다음날부터 집에 와서 바구니에 스마트폰을 넣으니 시간도 많아지고, 뒤로 밀어 두었던 책을 읽을 수 있었다. 아들 덕분에 내가 좋아졌다.

아들도 들어오면 일단 바구니에 넣고 화장실 갈 때나 쉴 때 스마트폰을 하는 것으로 바뀌었다.

바구니는 1주일 후에 거실에서 안방 TV 밑으로 옮겼다. 나는 급한 전화가 부모에게 올 수 있으니 안방으로 옮기자고 제안했고, 아들이 동의해서 안방으로 옮길 수 있었다. 주변에도 이렇게 스마트폰 바구니를 설치한 집이 있는데, 새벽에 아이가 몰래 스마트폰을 하려고 나온다는 얘기를 들은 터였다.

스마트폰 대신 알람시계를 사용하니 또한 좋은 점이 많았다. 내 베개 옆에는 늘 스마트폰이 있었다. 종합병원 의사 생활을 오래 하다 보니 언제 호출이 올지 몰라 대기하느라 그랬다. 개업해서 밤에 전화 받을 일이 없는데도 나는 습관대로 스마트폰을 곁에 두고 알람시계로 사용했다. 그러나 가끔 광고 문자, 잘못 걸린 전화, 스팸 문자 등 때문에 단잠을 방해받기도 했다.

진작 스마트폰을 놓고 알람시계를 사용할 것을! 아들에 대한 걱정이 없었다면 나는 아직도 스마트폰을 놓은 것이 얼마나 삶의 질을 높일 수 있는지 모르고 살았을 것이다. 아들아! 고맙다.

E. 지겹도록 해보게 하는 것도 방책

수가 5학년 겨울방학을 맞아 캠프를 다녀온 뒤 거기서 만난 친구들과 카톡을 해야 한다고 했다. 당시 수는 스마트폰이 없었기에 아내의 스마트폰으로 카톡을 했다. 카톡을 하는 시간이 너무 많아지자 아내는 싫은 소리를 하게 되었다.

내가 협상에 나서야 할 때가 됐다.

"게임하는 시간도 게임 안 하고 톡 할 거야?"

아이는 그렇게 하겠다고 한다. 협상은 이렇게 끝났다. 아내에게 이 결과를 어떻게 알려줄 것인가.

아내에게 설경구씨 주연의 영화 〈타워〉 관련 얘기를 해주었다. 설경구씨는 〈타워〉에서 발화점을 찾아서 그곳을 해결해야 불길을 잡을 수 있다고 했다. 그러면서 유리창을 깨고 나서 산소 유입을 하게 했더니 불길이 엄청나게 거세졌다. 그러고 나서 조금 시간이 지나자 그곳의 불이 꺼졌다. 발화점에 있는 인화성 물질들을 한 번에 다 태워서 불길을 잡는 방법이었다. 더는 탈 게 없어지면 불길을 잡을 수 있다는 논리가 옳았음이 입증되었다.

우리 집 스마트폰 바구니 역할을 하는 멀티 충전기　　　스마트폰 대신 알람 역할을 해주는 시계

"지금 수한테는 단체 톡 하는 것이 너무 재미있을 거야. 이 재미있는 톡을 우리가 막으면 어떻게든 반항할 거라고. 그러니 지겨울 정도로 하게 하자"고 아내를 거듭 설득했다.

수는 2달 동안 카톡에 몰입했다. 물론 자기가 해야 할 일을 끝마치고 나서 카톡을 했다. 당연히 아내의 스마트폰으로 한 카톡이어서 중간 중간 무슨 내용인지 알 수 있었다. 대단히 중요한 내용도 아니고, 그냥 일상적인 것이었다. 게임도 안 하고 그렇게 두 달이 지나갔다.

어느 날 수가 말했다.

"나 이제 게임할 거야. 톡은 가끔만 봐도 될 것 같아."

우리는 웃으면서 알았다고 했다. 그러면서 수에게 이렇게 말했다.

"두 달 동안 게임 안 하고 잘 지냈네."

"그러게 말이야. 게임을 안 해도 되는 거였네."

아이들은 자라면서 하고 싶은 것이 많이 생긴다. 가령 단체 톡, 기타 연주, 랩 듣기 등 우리가 단순히 공부에 방해가 되리라고 생각하는 것들을 하고 싶어 한다. 그렇지만 마냥 못 하게 하는 것보다 어느 정도 예측이 가능한 것들은 그냥 지겨울 정도로 시켜주는 것도 좋은 방법일 수 있다.

우리도 갖고 싶은 것을 못 갖게 하고, 하고 싶은 것을 못 하게 하면, 더 간절히 갖고 싶고 하고 싶어진다. 그렇지만 갖게 되고 충분히 하게 되면, 언제 그랬냐는 듯이 흥미가 떨어지고 잊고 지내게 된다. 그러나 아들이 점점 더 갖고 싶어 하고, 하고 싶어 하면 그때 가서 아들과 진지하게 대화해도 늦지 않을 것이다.

F. 필요하면 추가 계약을

스마트폰을 사용하다 보면 꼭 넘어야 하는 산이 있다. 바로 요금이다. 스마트폰을 처음 사줄 때 데이터는 일반 학생 기준요금제 정도만 해주었다. 그래야 스마트폰 사용 시간을 적게 할 수 있고, 동영상이나 게임 등을 제어할 수 있다고 보았기 때문이다. 와이파이가 터지는 곳에서는 할 수 있지만, 집에 오면 와이파이 사용 역시 제한을 두었다. 시간이 지나면서 아이들은 스마트폰 데이터 무제한을 계속해서 요구한다. 급한 사람이 우물 판다고 당연히 수가 먼저 계약을 제안했다. 수는 좀처럼 쉽게 이루기 힘든 조건으로 계약을 했고, 이것을 이루기 위해 노력하는 모습을 보였다. 중학교 기말고사에서 목표한 등수를 이루고 데이터 무제한을 받을 수 있었다.

G. 스마트폰보다 대화를

차를 타면 스마트폰을 보는 경우가 많다. 이동하는 거리가 짧아서 크게 잔소리를 안 하는 편이다. 그렇지만 잔소리를 안 하다 보니 아들은 이동하는 내내 폰만 보고 있다.

하루는 내가 수에게 "엄마가 너를 데리러 올 때 아마 너하고 차 안에서 얘기하고 싶을 거야"라고 했더니 "별로 할 말이 없을 것 같은데"라고 대답한다. 그래서 스마트폰을 보고 있으니까 엄마가 말을 못 하는 것이라고 말해주었다. 그러면서 한 가지 약속을 했다. 엄마가 데리러 왔을 때는 스마트폰 보지 않기로.

수는 스마트폰을 안 하고 있으면 특별히 할 말이 많지 않다고, 자기가 할 말을 준비해야 하는 거냐고 되묻는다. 나는 이렇게 말해주었다. "차 안이라는 같은 공간에 있는데 네가 스마트폰만 처다보고 있으면 다른 공간에 있는 것 같아. 그리고 차 안에서 대화를 하지 않더라도 같은 공간에 있는 것 자체가 좋을 수 있단다."

그 이후 아들은 꼭 스마트폰으로 확인해야 하는 경우를 제외하고는 차 안에서 스마트폰을 하지 않는다. 서로 얘기도 하고, 함께 음악도 듣는다. 아내는 아들과 대화를 많이 할 수 있다며 무척 좋아한다.

H. 무심하게 스마트폰 엿보기

많은 아내들의 관심사는 신혼 초 남편의 스마트폰이다. 세월이 흐르면서 남편의 스마트폰에 흥미가 떨어지지만, 처음에는 여자의 문자만 봐도 누구냐고 따지게 되고, 결국 부부싸움 끝에는 서로 스마트폰을 보지 않기로 하자는 결론에 이르게 된다.

아이를 낳고 아이가 자라 스마트폰을 사고 나서는 엄마들은 아이들의 스마트폰에 관심을 가지게 된다. 요즘 스마트폰은 기능이 너무 좋아 지문인식과 비밀번호를 알아야 볼 수 있고, 보더라도 카톡 등만 못보게 할 수도 있다. 그리고 보려고 하면 잠깐만 있으라고 하고 문제의 소지가 될 만한 것은 정리한 후에 보여주기도 한다.

일단 아들이 스마트폰 문자를 보여주면 "별거 없네" 하고 무심한 듯 말하거나, 아니면 그냥 질문을 하지 말아야 한다. 이상하고 궁금한 문자를 봐도 그냥 넘기기를 하면 된다. 그래야 아들도 '쿨'하게 자기 스마트폰을 보여줄 수 있기 때문이다. 엄마가 하나둘씩 질문하기 시작하면 아이들은 지레 질려서 보여주기를 거부할 수 있다. 스마트폰을 보여주는 것 자체만 해도 아들이 건강하게 지내고 있다는 증거이니 우선 안심하고 무심하게 엿보기만 하면 된다.

I. 스마트폰 두고 내리기

나보다 15살 연상인 지인에게서 외식할 때 항상 온 가족 모두가 스마트폰을 차에 두고 내린다는 이야기를 들었다. 그 분 가족들도 처음에는 다른 가족들처럼 밥 먹을 때 대화가 거의 없었다고 했다. 각자 자기 스마트폰을 보고 있어서다. 그래서 하루는 아내가 "우리 한번 모두 스마트폰을 자동차에 놓고 내릴까?" 하고 제안했고, 그렇게 해서 결과가 매우 좋았다고 한다. 외식하는 시간 내내 많은 대화를 할 수 있었다는 것이다. 그래서 나도 즉각 우리 가족에게 외식할 때 스마트폰을 차에 두고 내리자는 제안을 했다. 모두 동의했고, 2시간 내내 많은 대화를 했다. 마치 대화할 시간이 필요한 가족들처럼 말이다.

아이들이 부모와 대화를 하고 싶지 않은 것이 아니다. 밥을 먹을 때 아빠, 엄마와 대화하는 것보다 스마트폰을 보는 것이 조금 더 흥미로울 뿐이다. 가족들이 모두 동의하여 스마트폰을 차에 놓고 내리면 그 자리에서만큼은 아빠, 엄마와 대화하는 것이 제일 흥미로운 일이 될 수 있다.

J. 주변에서 자극 얻기

식사를 할 때는 스마트폰을 놓고 가지만 커피를 마실 때는 스마트폰을 가지고 갔다. 아직은 차 마실 때까지 실행하자고는 하지 않았다. 밥 먹는 동안만으로도 필요한 대화를 할 수 있고, 아직은 아들과 얘기할 시간이 많다고 생각해서였다.

오후 진료가 끝나고 아들과 동네 카페에 들어갔다. 그런데 바다가 보이는 좋은 자리에 앉아있는 한 여행객 가족의 모습이 눈에 들어왔다. 20대 초반 아들 두 명과 부모님이 차를 마시고 있었다. 아들들은 모두 스마트폰만 보고 있고, 엄마는 아들 둘만 쳐다보고 있었다. 중년의 부모는 틈만 보이면 아들들에게 무언가 자꾸만 말을 거는 것이었다. 부모는 지금 아들들과 이렇게 얘기를 할 수 있는 시간이 소중하다는 것을 느끼지만 아들들은 그걸 모르는 것 같았다.

그 순간 우리 아들 둘도 똑같이 스마트폰을 하고 있었다. 나는 아들들에게 작은 소리로 옆 가족을 한번 보라고 말했다. 보면서 느끼기를 바랐다. 예상은 적중했다

"우리도 저래?"

"우리는 엄마, 아빠랑 대화 많이 하잖아!"

수가 웃으면서 말했다.

"앞으로는 안 그럴게."

그렇다! 백문불여일견(百聞不如一見) 아닌가! 때로는 보여주는 것이 더 효과적일 때가 있다.

먼 훗날 내가 더 나이 들고 아들들이 부모가 되면 자연히 아들들도 스마트폰보다는 대화하는 시간이 소중하다는 것을 알게 되겠지!

K. 유튜브, 아이들이 더 하고 싶다

어느 날, 내가 아들에게 이렇게 제안했다.

"스마트폰으로 유튜브나 게임 동영상을 안 보는 것은 어떠니?"

약속을 종이에 적는 순간 아들들이 제안했다.

"그럼 아빠는 페이스북을 하지 말고, 엄마도 쇼핑 앱을 하지 마세요."

우리 부부는 잠시 당황했지만, 곧 아들들의 요구를 따르기로 했다.

그러면서 다음과 같이 말해주었다.

"아빠, 엄마도 아들들에게 동의를 구하지 않고 스마트폰을 사용하면 너희들의 게임 시간을 더 늘려줄게."

집에 와서는 페이스북을 하지 않게 되니 처음에는 힘들었으나, 점점

적응되면서 귀가 후에는 스마트폰을 내려놓고 책을 읽거나 운동을 하게 됐다. 정작 부모 자신들은 스마트폰을 하면서 아이들한테 하지 말라고 하는 것은, 아이들로서는 잘 이해가 안 되는 말이고 동의하지도 않을 것이다.

사실 엄마 아빠가 같이 스마트폰에 중독된 경우도 많다. 아이들에게 그 점을 지적하게 하면 부모 자신들도 고칠 수 있어 좋은 기회가 될 듯싶다. 우리 부부도 아들들의 동의를 받고 스마트폰을 사용하는 중이다.

내가 스마트폰을 하고 싶은 마음보다 아들들이 유튜브를 보거나 게임 동영상을 보고 싶은 욕구가 더 크다는 것을 알기에 아들과의 약속을 잘 지키려 노력하고 있다.

L. "이봐, 해봤어?"

현대그룹의 창업자 고(故) 정주영 회장은 "이봐, 해봤어?"라는 말로 유명하다. 현대조선을 만들 1972년 당시, 세계 최대의 조선소를 짓겠다는 그의 말에 모두 "미쳤다"며 반대했다. 자신의 계획에 "안 된다"는 답변이 돌아오면, 그는 입버릇처럼 다음과 같이 말했다고 한다. "이봐 해봤어?" 이 말은 이제 그의 트레이드마크가 되었다.

요즘 유튜브 채널에 푹 빠진 내가 요즘 이 말을 절실히 깨닫고 있다. 아들들이 스마트폰을 사고 나서 가장 많이 보는 것이 유튜브다. 처음에는 게임 채널을 많이 보고는 했다. 지금은 많은 정보를 유튜브에서 얻고 있다.

나는 아들들이 보는 유튜브가 인생에 도움이 안 되는 무협지 정도로 생각했다. 눈만 나빠지고 시간만 날리는 짓이라고 보았다. 그런데 친구가 추천해준 골프 유튜브를 보면서 생각이 확 달라졌다. 골프 채널, 좋은 책을 읽어주는 채널, 주식 공부를 시켜주는 채널 등 수많은 정보를 알 수 있었다. 하루는 설거지를 하면서 허벅지 근육의 중요성에 관한 유튜브 채널을 보고 있었다. 아내도 같이 유심히 보고 있어서 내가 "유튜브는 참 좋은 것 같다. 많은 좋은 정보들이 있어" 이렇게 말하고는 깨달았다. 아들들이 좋아하는 것을 지금의 내 기준에서 좋지 않다고 해서 안 좋다고 판단하는 것은 '잘못'임을.

많은 부모들은 게임이나 유튜브를 싫어한다. 마냥 하지 말라고 할 것이다. 그래서 순기능이 있는 것을 인정하려 하지 않는다. 이런 부모들에게는 "이봐 해봤어?" 이 말을 꼭 해주고 싶다.

M. 스마트폰 하나로 부자가 되는 세상
오늘날 전 세계의 부자 기업들은 스마트폰을 가진 사람들을 고객으로 생각한다. 카카오, 네이버, 넷플릭스, 유튜브 등 대부분 기업들은 스마트폰을 가진 고객의 니즈를 통해 성장하고 있다. 그럼 '우리 아이들은 스마트폰을 해야 하는가?'의 질문에 대한 답은 당연히 '해야 한다'이다.
수는 궁금한 것이 있으면 가끔 나한테 묻기도 하지만 대부분 네이버나 나무위키를 통해 지식을 얻고 있다. 현은 지금 어떤 음악과 게임이 인기가 있고, 사람들은 어떤 생각을 하는지 유튜브를 통해서 알아가고 있다.

그럼 과연 왜 우리 부모들은 스마트폰을 사용하지 않는 학생에게 착하고 성실하다고 말하는 것일까? 이것과 비슷한 예로 주식을 들 수 있다. 우리나라는 금융 문맹국이라고 존리 메리츠자산운용 대표는 말한다. 그가 말하길 〈미운 우리 새끼〉라는 TV프로그램에서 주식을 하지 않는 아들을 보고 많은 어머니들이 "착하네!"라고 말씀하시는 것이 너무 충격이었다고 한다. 그러나 지금 주식 열풍이 불고 있는 현시점에서 주식을 하는 것을 나쁘다고 보는 사람은 거의 없다. 나도 주식을 하고 있지만 주식을 투자라고 생각하고 좋은 회사 주식을 사는 것은 긍정적인 일이다. 그러나 도박을 하는 것처럼 한 번에 많은 수익을 얻으려고 무리하게 투자를 하면 그 후에 많은 비극이 벌어진다.

스마트폰도 마찬가지다. 이제는 스마트폰을 하는 것을 나쁘다고만 보는 것은 IT문맹 부모라고 생각한다. 좋은 투자라고 생각하고 스마트폰을 얼마나 올바르게 사용할 수 있는가에 따라 스마트폰을 가진 우리 아이들이 발전할 수 있는 한 방법이라고 본다.

부모가 스마트폰을 나쁘다고만 하지 말고 먼저 아이들이 보고 있는 유튜브, 웹소설, 웹툰 등을 공부하고, 아이들이 어떻게 하면 좋은 방향으로 사용할 수 있을지 고민해보아야 한다. 그리고 나서 아이들과 함께 앞으로 스마트폰 사용을 어떻게 할 것인지 자주 토론하고 해결

책을 찾고 규칙을 정하다보면 스마트폰도 우리 아이들에게 좋은 투자
가 될 것이다.

계약서로 도배한 집

A. 필요할 땐 약속을

나는 성정이 급한 편이다. 그래서 가끔 아내에게 크게 화를 내는 일이 있다. 이러면 안 되겠다 싶어 사과 문자를 보내면서 한 가지 약속을 했다.

"앞으로 내가 이렇게 화를 내면 내 용돈 두달 치를 당신에게 줄게."

이 문자를 보낸 이후 크게 화를 내는 일이 없어졌다. 화가 나거나 감정조절이 되지 않을 때 한번 더 생각하게 된 것이다.

나는 아들들에게도 약속했다.

"아빠가 크게 야단을 치거나 화를 내면 게임 3시간 하게 해줄게."

이후 야단을 치려고 할 때 한순간 쉬고 감정을 조절한 후에 하게 되었다. 그러다 보니까 내 감정으로 지나치게 야단을 치거나 벌을 주는 일이 확 줄었다. 자칫하면 게임 3시간을 내주어야 하고 이건 아내에게도 면구스러운 일이 되기 때문이다.

약속은 상대방에게 하는 것이지만 좀 더 깊이 따져보면 나 자신에게 미치는 영향이 가장 크다. 내가 한 약속이니 지켜야 하고 그러다 보면 스스로의 행위를 조절할 수 있게 된다.

그러나 완벽은 없다. 어느 날 정말 아이들을 크게 꾸짖었다. 시간이 얼마나 지났을까. 아들이 방으로 나를 찾아왔다. 천진난만한 얼굴로 씩 웃으면서 말한다.

"아빠, 아까 야단쳤으니까 게임 3시간 맞지?"

헉!

B. 약속은 바로 그 자리에서

부모님을 모시고 여행을 갔다. 수는 버스에서 할아버지 옆에 앉아 다니게 되었다. 모처럼 할아버지와 둘만의 대화를 나눌 좋은 기회였건만, 수는 계속 스마트폰에만 정신이 팔려 있었다. 할아버지는 수에게 "여행을 하면서 이곳에서만 볼 수 있는 것들을 많이 보는 것이 좋지 않을까. 그러니 여행하는 동안은 스마트폰 없이 다녔으면 좋을 것 같다" 하고 말씀하셨던 모양이다.

여행 마지막 날 지하철을 타고 공항으로 이동하는데 수가 갑자기 말을 꺼냈다.

"저 이제는 스마트폰으로 만화와 유튜브 같은 것을 보지 않겠어요!"

나는 그 순간을 놓치지 않고 아내의 수첩을 한 장 찢어서 그 말을 적었다. 그리고 아들에게 물었다. 이걸 약속으로 기록해도 좋으냐고.
아들이 동의했다. 그 자리에 있는 모든 사람, 아버지, 어머니, 나, 아
내, 수, 현이 사인했다.

한번은 식당에서 밥을 먹으며 이런저런 이야기를 하던 중에 수가 말
했다.
"고등학교에 가서 성적이 떨어지면 공신폰('공부의 신' 폰. 인터넷 접속 기
능 및 앱 설치 기능을 차단)을 쓰겠어요."
적어야 한다!
급히 종이를 찾았으나 웬일인지 종이가 보이지 않았다. 그런데 식당
테이블 위에 음식 세팅 종이가 눈에 들어왔다. 나는 그 종이에 즉각
약속을 적었다.

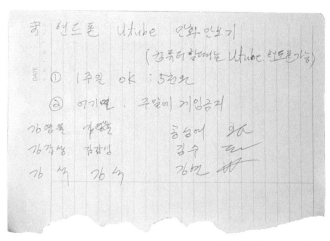

일본 지하철에서 수첩을 찢어 만든 계약서

약속은 이렇게 꼭 문서로 남기는 것이 좋다. 그 순간이 지나면 잊어버리거나 감흥이 줄어들어 약속을 지키지 못하게 된다. 그러나 그 자리에서 바로 종이에 적어놓으면 그 수첩, 그 식당 테이블 종이를 볼 때 어떤 상황에서 어떻게 약속을 하게 되었는지 기억나면서 다시 한번 마음을 다잡을 수 있다.

C. 역대급 약속

"저는 손가락을 너무 많이 깨물어서 손톱이 괴물이 됐어욤 ㅜㅜㅜ"
"저의 습관은 손톱 뜯는 거여서 그것 때문에 손톱이 거의 없어요."

이런 고민이 있는 사람이 적지 않은데 내 경우도 그랬다. 손톱 모양이 심하게 안 좋은 정도는 아니지만, 손톱깎이를 쓴 적이 거의 없다. 이런 습관을 둘째 현이가 물려받았다.

어느 날 현의 손가락을 보는 순간 너무 마음이 아팠다. 손톱이 거의 없었다. 깨물지 말라고 여러 번 주의를 주고 다그쳐보기도 했지만 효과가 없었다. 그래서 혹시나 하는 마음에 통 크게 약속을 했다. 손톱을 안 깨물어서 손톱이 길어지면 하루종일 컴퓨터 게임을 하게 해주겠다고.

현은 "진짜지?" 하더니 종이를 가지고 왔다. 가족 모두가 사인을 했고, 그때부터 현이의 노력이 시작되었다. 그 이후 6개월쯤 후에 현이는 진짜 손톱이 길어져서 마침내 손톱깎이로 손톱을 자르게 되었다.

드디어 약속 실행의 날이 다가왔다. 수가 고등학교 신입생 집중교육을 가느라 집을 비우는 기간. 그 전날 현은 나에게 알람 맞추는 방법을 가르쳐달라고 했다. 그러면서 새벽 3시에 일어나서 게임을 하겠다는 것이다. 너무 무리하면 온종일 하기 힘들다고 설득해서 겨우 6시로 타협을 보았다.

진짜 그날은 밥 먹는 시간, 목욕하는 시간을 빼고 밤 12시까지 게임을 했다. 나는 혹시라도 아이의 건강에 무리가 있지 않을까 하고 걱정했으나 다행히 아무 일도 일어나지 않았다. '하루종일 게임하기'라는 역대급 약속을 통해 현은 꿈을 이루었고, 나는 아들의 손톱 깨무는 버릇을 고칠 수 있었다. 역시 '약속'은 위대했다.

다음 날 아침에 현이 나를 보자 웃으면서 다가왔다. 어제 얼마나 좋았으면 저럴까 싶어 흡족해하는 나에게 아이가 말했다.

"아빠, 발가락은 아직 남아 있어."

손톱 한번 자른 것을 두고 습관을 고쳤다고 하기는 힘들다. 나는 아이에게 6개월은 유지해야 하지 않겠냐고, 그러다가 다시 깨물면 어떻게 하느냐고 속상한 듯이(웃으며?) 말했다. 그 이후 6개월 동안 손톱은 유지되었고, 지금은 손톱 모양이 예쁘게 자리 잡고 있다.

D. "아빠는 약속은 꼭 지키시니까"

수가 아내에게 이렇게 말했다는 소리를 듣고 나는 정말 기뻤다. 나의 노력을 아들이 알아준 것이니까 말이다.

우리 집은 여러 가지 구속과 계약이 활발히 이루어지고 있는 집이다. 우리 집에서는 계약이 곧 법이다. 거짓과 팩트가 난무하는 시대, 믿을 건 확실한 증거뿐이다. 왜냐하면 계약을 안 해서 증거를 안 남기면 발뺌을 하기 때문이다. 그래서 계약은 구속력을 갖는다. 계약의 종류에는 여러 가지가 있다. 계약을 한 번 잘못하면, 그 후폭풍은 계속 남는다. 그래서 신중히 계약을 해야 한다. 한번 쏟아진 물은 다시 부을 수 없기 때문에 모든 것에 신중이 필요하다. 계약이 진리다.

수가 6학년 논술 시간에 쓴 글이다. "구속과 계약의 집"이라는 글이다

내가 아들과의 약속에 눈을 뜬 것은 둘째가 일곱 살 때였다. 병원 일이 힘들었던 나는 집에 와서 저녁을 먹고 나면 소파에서 졸 때가 많았다. 소파에서 자는 나에게 현이 언제 놀아줄 거냐고 물어보길래 너무 피곤해서 그냥 "이따가 놀아줄게"라고 대답했다. 30분 정도 자고 일어났더니 이제는 놀아줄 거냐고 하는 거였다. 그때도 피로가 풀리지 않아서 아무런 대답을 안 했더니 약속도 안 지키는 아빠라고 툴툴거렸다.

나는 피곤해서 그냥 한 말인데, 우리 아들한테는 그게 중요한 약속이었나 보다. 그제서야 나는 내가 아들에게 한번 말한 내용은 '반드시 지켜야 하는 약속'이라는 것을 깨달았다. 그 이후엔 아들이 놀아달라

고 하거나 다른 약속을 할 때면 건성으로 하지 않고 신중하게 생각해 보고 대답한다.

그렇다! 부모 자식 사이에도 서로간 신뢰가 필요하다. 신뢰가 있어야 미래 행동에 대해 예측할 수 있고 상대의 기대를 벗어나는 행위를 억제할 수 있다. 그래서 나는 사소한 약속도 어겨서는 안 된다는 각오로 못 지킬 약속은 하기 전에 신중히 생각하고 결정해 왔다.

E. '약속의 집'에 잔소리란 없다

아들과 약속을 하면 아내가 제일 좋아한다. 아내는 그 약속이 적힌 계약서만 보고 있다. 이처럼 미리 합의해서 약속하면 육아가 편하고 관계가 우아해진다.

우리 집 거실 벽에는 온통 계약서들로 가득 채워져 있다. 5년 넘은 것은 종이가 누렇게 변색이 되어 있다. 급히 쓴 것은 날림글씨로, 수첩 찢은 것은 스프링 자국이 남은 채로 벽에 붙어 있다. 내게는 이것이 최고급 실내장식 벽지보다 훨씬 더 소중하다. 약속을 하고 그 약속을 지키기 위해 노력하며 살아온 우리 가족의 역사이기 때문이다.

F. 반드시 종이에 적고 벽에 붙여라

종이에 적지 않은 계약서는 시간이 지나면 기억이 다르다. 자기에게 유리한 쪽으로만 기억한다. 불리한 쪽은 기억하지 못하는 경우가 많다. 또 종이에 써 놓으면 계약이 의무가 되고 심리적으로 강제가 된

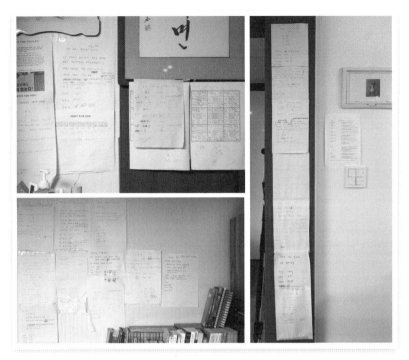

우리 집 거실 벽에 붙은 여러 종류의 계약서. 변색된 종이도 있지만
내게는 이것이 최고급 실내벽지보다 훨씬 더 소중하다.

다. 그리고 그 종이를 벽에 반드시 붙여야 한다. 그것도 잘 보이는 거
실 벽에 붙여야 한다. 그러다 보면 벽에 붙여져 있는 여러 약속을 아
들들이나 부모가 스쳐지나가다 보게 된다. 한참을 지나 약속을 어기
는 모습을 보면 우리는 이렇게 말한다.

"벽에 적힌 약속 한번 보자."

그러면 아들들은 가령 '스마트폰에 게임 앱 안 깔기'라는 약속을 보면
표정이 안 좋아지지만 스스로 앱을 제거한다. 우리랑 싸울 필요가 없
는 거다. 8년 정도 규칙을 정하고 그 규칙을 종이에 써서 벽에 붙이고

서로 잘 지키려고 노력한 결과 이제는 모두가 편하고 즐거워졌다.

G. 계약서 작성하는 법

다음 사항은 우리 집 계약서 작성 순서이다. 독자 여러분에게 도움이 되기를 바란다.(계약서 양식은 329페이지, 331페이지를 참고.)

계약서 작성 순서

❶ 일단 서로 지켜야 할 일이나 잔소리를 많이 하는 일이 생겼을 때 토론을 한다.
❷ 합의점에 이르면 초안을 잡는다.
❸ 초안을 A4에 적는다. (적는 사람은 이 일로 가장 잔소리를 많이 하거나 많이 듣는 사람이 한다.)
❹ 모두 읽어보고 의견을 제시한다.
❺ 고칠 것은 다시 고쳐서 작성한다.
❻ 더 이견이 없으면 각자 서명하고, 초안을 작성한 사람이 가장 나중에 서명한다.
❼ 집 벽에 붙인다.

여기서 가장 중요한 것은 토론이고, 토론에서 가장 중요한 것은 아이의 마음을 이해하고 공감해주는 자세이다. 그리고 최종적으로 나온 규칙은 부모 편이 아니라 아이 편에서 타당해야 한다.

그런데 아이들은 평소에는 떼를 쓰다가도 막상 토론에 임하면 억지를 쓰지도 않고 바른 생각을 가지고 이야기한다.

H. 계약, 시작이 반이다 – 첫술에 배부르랴?

어떤 것이든 약속을 정하고 계약서를 작성할 때 나는 이 말이 생각났다. "시작이 반이다. 첫술에 배부르랴."

서울에 사는 친구 부부가 제주도에 내려왔다. 식사를 함께하면서 자녀 교육에 관한 이야기를 나눴다. 친구에게는 9살, 7살의 아들 둘이 있는데, 아내가 애들한테 화낼 때는 자기가 무서울 정도라며 하소연을 한다. 나는 지금은 화를 내면 쉽게 해결되는 것처럼 보이지만 점점 힘들어질 것이라고 말해주었다. 화를 내는 대신 지켜야 할 것을 서로 약속하고, 그것을 지키려고 노력해보라고, 특히 두 아들이 스마트폰 하는 시간을 정해서 약속하고, 종이에 적어보는 것이 어떻겠느냐는 제안을 했다.

헤어진 후에 친구 부부는 아이들과 약속을 하고 종이에 적었다고 한다. 그리고 그 다음 날 잘 지켜지지 않자 엄마가 또 아이들에게 화를 냈고, 큰아들은 지키기가 너무 힘들어서 미칠 것 같다는 말을 했다고 한다. 나는 친구에게 조금이라도 지켰으니 잘했다며 칭찬하는 것만큼 좋은 방법은 없다는 문자메시지를 보냈다. 그리고 첫술에 배부르랴, 처음부터 너무 욕심내지 말고 천천히 하다 보면 서로 분명히 좋아질 것이라고 조언해주었다.

아이들과의 약속은 서로 합의해서 만들지만, 아이들은 생각보다 지키기를 힘들어한다. 그렇지만 10가지 약속을 하고 절반 이상만 지켜도, 못 지킨 3~4가지를 두고 야단치기보다는 지킨 6~7가지를 두고 칭찬해주는 편이 훨씬 낫다.

어느 날 보니 아들들도 지나가면서 벽에 쓰여 있는 이 계약서를 보고는 게임과 스마트폰을 자제하고 있었다. 그러면서 규칙에 따라 오늘 무슨 일을 먼저 해야 하는지 우선순위를 점점 더 지키게 됐다. 나는 반복을 통해 규칙이 몸에 배는 것을 목격한 것이다.

물론 어떤 약속은 해놓고도 제대로 지키지 못하는 경우가 있다. 그래도 나는 규칙이 소용없다고 생각하지는 않는다. 시작이 반! 이미 시작했으니 반은 이루어졌다고 보고, 서로 신뢰심을 갖고 지키려 꾸준히 노력하기를 멈추지 않으면 목표는 달성하게 마련이다.

나는 오늘도 아들들을 보면서 마음속으로 외친다.

"시작이 반이다. 첫술에 배부르랴!!"

I. 약속에 박차를 가하는 '선물'

문화상품권으로 약속을 하는 경우가 늘었다. 문화상품권은 게임머니로 쓸 수 있어 아들들에게는 아주 요긴하기 때문이다.

하루는 문화상품권을 건네면서 "아빠는 문화상품권을 아들들에게 주는 시간이 제일 기쁘다"라고 말했다. 수는 이 말이 의아했던 모양이다. 받는 사람이 기쁜 건 이해가 되지만 주는 사람이 기쁘다니 왜일까?

나는 말해주었다.

"아들이 약속을 잘 지키고 있다는 증거니 기쁘지."

"멋있는 말이네!"

수의 말에 나는 점점 더 기뻐진다. 작은 상품권 한 장에, 신뢰가 쌓여가고, 부자간의 정도 깊어가며, 약속은 더 잘 지켜질 것이고, 아내의 잔소리는 사라지며, 가정은 더 화목해질 것이니 약속의 집은 행복할 수밖에 없지 않은가.

J. 역지사지의 약속

방학이나 주말에 아들들은 공부 시간과 과제 책 읽는 시간을 스스로 정해 놓는다. 그러고는 그 시간을 다 마치면 나머지 시간은 자유롭게 쓰도록 약속을 한다.(당연히 이럴 때는 게임을 한다.) 하루는 이런 일이 생겼다. 할아버지 생신날 가족들이 전부 다 모여서 외식으로 점심을 하게 됐다. 그런데 갑자기 수와 현이 이렇게 말하는 것이었다.

"아빠, 할아버지 생신 참석은 공부 시간이야, 아니면 노는 시간이야?"

아내가 말했다.

"그건 예외지."

곰곰이 생각하던 나는 이렇게 말했다.

"그럼 2시간 외식하면 1시간은 공부, 1시간은 노는 것으로 하자."

이 말을 들은 수와 현은 흔쾌히 할아버지 생신에 참석해야겠다고 했다.

어떤 부모들은 이 이야기를 들으면 좀 심한 게 아니냐고 할지 모른다. 나도 아내처럼 할아버지 생신 참석은 예외라고 본다. 당연히 참석해야 하고 그것이 공부하는 것은 아니라고 생각한다. 그렇지만 점심은 30분이면 되고, 공부하고 나서 게임을 해야 하는 아들들의 처지에서는 할아버지 생신 참석은 일이라고 생각할 수도 있다. 아들들도 할아버지 생신에 참석하는 것이 중요하다는 것을 모르지는 않는다. 그렇지만 자신들이 중요하게 여기는 게임 시간이 줄어들게 되니 속상할 수 있다.

그러므로 우리 부모들은 자주 아이들 편에서 생각해야 한다. 우리 생각에는 당연한 일도 아이들 편에서는 괴로운 일이 될 수 있기 때문이다.

잔소리 없는 집

A. 잔소리 안 하기 각서

아내의 별명은 '잔소리 대마왕'이다. 원래 잔소리가 많은 사람이 아닌데 두 아들을 챙기느라고 일일이 간섭하면서 잔소리가 늘었다.

어느 날 두 아들을 부모님 댁에 맡기고 단둘이 데이트했다. 술 한잔 마시면서 아내가 나에게 "당신은 왜 아이들에게 잔소리하지 않느냐?"라고 물었다.

나는 아내의 말에 대답하지 않고 오히려 "당신은 왜 잔소리를 하느냐?"라고 되물었다.

아내는 답답해하면서 아이들이 한번 말하면 안 들으니까, 알아서 하지 않으니까 잔소리를 할 수밖에 없다는 것이다.

그럼 언제까지 그렇게 챙길 거냐고 물었더니 아내는 대답을 못 한다.

나는 이제부터 애들한테 잔소리하지 말고 지내자고 제안했다. 아내는 그게 말이 되냐고, 어떻게 잔소리를 안 하느냐고 한다. 3시간 넘는 설득 끝에 일주일만이라도 하지 말아보기로 결론을 내렸다.

잔소리 안 하기 각서

❶ 잔소리 1회당 10분 스마트폰 추가
❷ 잔소리 여부는 아들들이 결정
❸ 숙제, 일기, 준비물, 학습지 스스로 안 챙기기면 10분 감소

이렇게 우리는 잔소리 안 하기 각서를 쓰고 일주일을 지냈다. 결과는 대성공이었다. 아내는 이 각서를 쓰고 나서는 웬만하면 잔소리를 하지 않았다. 하루하루 지나면서 아들들도 자기 일은 스스로 챙기기 시작했다. 조금은 서로 어려운 길이지만 조금씩 노력하고 있다. 안 가본 길(잔소리 안 하기)이지만 가보면 크게 어렵지 않은 길임을 다시 한번 깨닫게 되었다.

B. 한번 한 행동 보고 잔소리 하지 않기

수가 중학교 1학년 겨울방학 때 한 달 동안 서울에서 지낸 적이 있었다. 이때 수는 코엑스에 있는 '별마당 도서관'에 가서 책을 보는 것을 좋아했다. 혼자 가서 책을 보는 날도 있었는데, 하루는 아내와 아이쇼핑을 하다 수와 함께 점심을 먹으려고 도서관으로 갔다. 그런데 수가 스마트폰을 하고 있는 게 아닌가.

이 모습을 보고 "어라, 책은 안 읽고 스마트폰을 하고 있네"라고 말할

듯한 아내를 말리고, 수에게 태연하게 웃으면서 밥 먹으러 가자고 했다. 그리고 다음 날도 똑같이 데리러 갔는데, 수가 책을 열심히 보고 있었다. 그래서 어제 스마트폰만 하고 있다고 말하지 않기를 매우 잘했다고 생각했다.

부모들은 아이들의 순간순간 모습을 보고 지적을 하는데, 아이들에게는 억울할 수 있다. 처음 한두 번은 인내심을 갖고 지켜보는 자세가 필요하다.

C. 평상시에 해주고 싶은 말을 적절한 상황에서 하기

나는 '꿈'이라는 단어를 정말 좋아한다. 생각만 해도 '가슴을 뛰게 하는 말'은 바로 꿈이란 단어다. 지금도 진료 시간 틈틈이 글을 쓰고 있다. 글을 쓰다 보면 가슴이 뛴다. 단행본을 출간하려는 나의 꿈을 이뤄가는 중이기 때문이다.

꿈에 대해 강의하는 김미경 강사는 "꿈은 하기 싫은 30%에서 결정된다"라고 했다. 꿈을 이루기 위해서는 아주 힘든 과정이 있다는 얘기다.

제주도에는 자연 눈썰매장이 있다. 눈이 많이 내리는 다음 날에는 눈썰매를 타는 사람들이 많다. 9살이 된 현이와 눈썰매를 탔다. 눈썰매를 타려면 언덕을 걸어서 올라가야 한다. 현이는 올라가면서 "아빠, 내려오는 것은 재미있는데 올라가는 것은 힘들어!" 하고 말한다. 그러면서 재미있으니까 계속 올라간다.

잠깐 쉬는 시간에 내가 "아들, 올라가기 힘들지? 이게 인생인 거야. 하고 싶은 일에는 반드시 힘든 과정이 있는 거야"라고 설명을 해주었다. 현이 알아들었는지 이렇게 대답한다. "나도 아빠처럼 의사가 되려면 공부를 열심히 해야 하는 거지?"

평상시에 하고 싶은 말을 아무 때나 하면 그냥 잔소리에 불과할 수 있다. 그러나 적절한 상황에서 말하면 효과는 배가 된다. 기억할 것은 적절한 상황일 때 말하라는 것이다.

다음은 2017년 12월 28일 자 조선일보 기사의 앞부분이다. 꿈을 위해 열심히 노력하는 사람들이 많다는 것을 아들들에게 보여주었다.

> **정상 서고 싶나… 먼저 '지옥'으로 가라**
>
> **[평창 D-43]**
>
> **체중 2.5배 스쿼트, 7시간 뛰기… 평창 미국팀이 뽑은 지옥훈련**
>
> **45초 전력질주 20~30번씩 하고 지구력 키우려 물 속에서 달리기**
>
> "이걸 도대체 어떻게 하나 싶지만 토할 때까지 하니까 다 되더라."
>
> 올림피언은 타고나지 않는다. 만들어지는 것이다. 43일 남은 2018 평창 동계올림픽을 앞두고 세계의 올림피언이 막바지 구슬땀을 흘리고 있다. 모든 스포츠 선수의 꿈은 올림픽 메달이다. 하늘 같은 목표를 이루기 위해 그들은 어떤 준비를 할까. (이하 하략)

D. 5분만 더?

내가 어렸을 때 어머니에게 가장 많이 했던 말이 '5분만'이었다. 아침잠이 유달리 많았던 나는 아침에 기상할 때 어머니가 깨우면 항상 '5

분만'이었다. 5분만, 5분만 하다가 30분 늦게 일어나서 급하게 등교하곤 했다.

인터넷 책에도 《딱 5분만 더 놀면 안 돼요?》, 《5분만 있다가 할게》라는 책들이 있다.

아내와 아들들이 가장 많이 다투는 것이 스마트폰이나 게임과 관련한 일이다. 수는 스마트폰이나 게임 등을 할 때 이제 시간이 다 되었다고 하면 항상 "5분만!"이라고 말한다. 그러나 진짜로 5분만 하고 끝나는 경우란 거의 없다. 항상 5분이 지나고 심지어는 30분을 더 하는 경우가 많다. 그러면 5분 후부터 아들과 엄마가 다투기 시작한다.

그래서 내가 아이디어를 냈다. 다이소에 가서 스톱워치를 샀다. 음식을 만들 때 쓰는 냉장고 벽 비치용 시계였다. 효과는 매우 좋았다. "5분만"이라고 하면 나는 아무 말 없이 아들 곁에 7분(아빠의 인심)을 누르고 시작 버튼을 누른 다음 아들에게 가져다준다. 그 이후 아들은 그 시간이 다 되어가면 정리를 하려고 한다. 그리고 시간이 다 되면 알람음이 울리기 때문에 엄마가 잔소리하지 않아도 된다. 알람 소리가 그 역할을 하고 있기 때문이다.

거실에 TV 없는 집

A. TV는 안방으로 거실은 서재로

나는 스포츠 경기를 좋아한다. 그래서 퇴근하고 집에 오면 거실에서 야구 중계방송을 보는 것을 즐겨왔다. 남자들은 대부분 큰집으로 이사를 가면 소파에 누워 TV 보는 것을 꿈꿀 것이다.

어느덧 나도 큰집으로 이사를 하게 되었고, 새로 산 소파에 누워서 벽걸이 TV를 시청해야겠다고 생각했다. 그런데 아들들이 내가 야구를 볼 때 옆에 앉아서 TV를 본다. 그것도 자기들이 좋아하는 프로그램을 보겠다고 서로 우긴다. 나는 TV를 거실에 설치해도 내 뜻대로 안 되리라는 것을 직감했다. 그리고 수는 소파에 앉아 책을 보는 것을 좋아했다. 그래서 과감히 TV를 안방에 두고 거실은 서재로 꾸미기로 마음을 먹었다. 거실을 서재로 만들고 나니 거실에서 책을 보거나 서로 대화하거나 심지어 바닥에서 탁구를 치기까지 하게 되었다. 몇 년 후에는 아들들이 컴퓨터 게임을 하는 장소로 바뀌었지만 말이다.

아이들 어릴 때 거실을 서재로 만들기

❶ 일단 제일 좋은 점은 내가 TV를 적게 보게 되었다.

❷ 아들들도 TV를 적게 보게 된다.

❸ 거실은 집의 가장 큰 공간이기에 작은 방에서 책을 읽을 때보다 환경이 좋다.

❹ 훗날 거실 컴퓨터 설치 공간으로 사용할 수 있게 된다.

(앞에서 얘기했지만 부모가 지켜볼 수 있는 공간에 컴퓨터를 놓는 게 중요하다.)

❺ 소파에서 책을 읽기 때문에 오랫동안 책을 볼 수 있다.

❻ 아이들은 커가면서 각자 방으로 들어가서 공부를 하겠다고 한다. 어릴 때부터 거실을 이용하면 공부할 때도 거실에서 공부하는 시간이 많아진다.

❼ 그중에서도 가장 좋은 점은 나도 책 읽는 시간이 많아졌다는 것이다.

강의노트 1

아들의 마음을 움직여라

"너는 무엇을 하면 스트레스가 풀리니?" "쉴 때는 무엇을 하고 싶니?"

부모는 아이들이 원하는 것을 물어보아야 한다. 부모가 마음에 안 든다고 해서 게임이나 스마트폰, 유튜브 시청을 금지하거나 안 좋은 것이라는 선입견을 심어주면 안 된다. 그리고 아이들이 좋아하는 것에 주목해야 한다. 아이들이 좋아하는 것은 그게 무엇이든 그것이 어떤 것이든 충분히 알아가야 한다. 아이들이 좋아하는 것을 알게 되면 그것에 대한 부모의 의견을 말해주자. 아이들이 좋아하는 것에 반대하는 부모의 입장도 솔직히 얘기해 주는 것이 좋다. 학생으로서 해야 할 일, 복습이나 책 읽기, 학원 다니기 등 인생을 길게 보면서 반드시 해야 할 것의 우선순위 등에 대해 말해주어야 한다.

나는 게임을 무기로 아들들의 마음을 움직였다. 물론 공부나 해야 할 일을 스스로 생각할 수 있는 나이가 되면 저절로 게임 같은 보상이 없어도 되겠지만 한창 놀고 싶어 하는 청소년기에는 적절한 보상이 필요하다. 그래서 아들들이 제일 좋아하는 게임을 이해하고 수용해야 한다. 지금은 게임의 위력이 엄청나다는 것을 아내 역시 인정한다.

그렇지만 이렇게 하기까지의 과정은 결코 쉽지 않았다. 단순히 아이들이 게임 때문에 약속을 잘 지킨다고 생각해서는 안 된다. 약속에서 제일 중요한 것은 게임이 아니라 신뢰이다. 백화점에서 옷을 살 때 고객들은 예전에 입었던 옷을 떠올리게 된다. 그것이 브랜드다. 고객들에게 브랜드는 신뢰이다. 그 신뢰는 옷을 입고 생활하면서 쌓인 것이다. 이처럼 아이들과 깊은 신뢰가 쌓여야 한다. 신뢰를 쌓는 과정이 부모 자식 관계에서 가장 어렵고 긴 여정이다.

나는 이 신뢰를 쌓기 위해 지난 8년 동안 엄청난 노력을 기울여왔다. 사소한 약속이라도 대충하지 않았다. 약속해 놓고 지키지 못하면 서로 신뢰가 깨지기 때문이다. 그래서 약속은 신중히 하게 됐고 아무리 사소한 것이라도 계약으로 한 약속들은 반드시 지켰다. 이런 과정을 거쳤기에 지금은 아들들도 약속하면 반드시 지켜야 한다는 것이 몸에 배어 있다. 아직 어리지만 약속에 관해서는 놀라울 정도로 신중한 편이다. 함부로 한 약속의 후폭풍이 얼마나 무서운지 알게 된 것이다.

약속을 정할 때 나는 아들들을 하나의 인격체로 보았다. 친구처럼 생각했다. 아들들이 이건 부당하다고 말하면 역지사지를 기억했다. 이렇게 서로 입장을 조율해서 약속을 정하고 그걸 확실히 지키는 일이 꾸준히 쌓여 우리에게는 신뢰가 쌓였다. 아들들 입에서 "아빠는 약속은 꼭 지키시니까"라고 할 정도로 '신뢰 브랜드'를 정립했다.

아이들의 마음을 움직이는 또 하나의 핵심은 아이들이 누리는 보상을 충분히 축하

하고 기뻐해 주는 일이다. 게임을 하는 아이들을 보면서 '공부와 책 읽기를 다했구나'라고 생각하기보다 게임을 편하게 즐기도록 인정하고 아이들이 "나 오버워치 마스터다"라고 자랑할 수 있는 환경을 만들어 주어야 한다. 그러면 아이들은 자기가 좋아하는 게임을 하기 위해 무엇을 해야 하는지 자연스럽게 알게 될 것이고 그것을 꼭 해야겠다고 스스로 다짐하고 실천할 것이다.

마지막으로 아직 아이들은 어리다는 것을 명심하자. 게임으로 할 일을 하겠다고 약속을 하지만 며칠이 지나면 할 일은 다 안 하고 게임 시간만 지키는 일이 종종 벌어지게 된다. 그러면 대부분의 부모는 게임의 단점만 다시 생각하게 되고 아이들에게 게임을 하지 말라고 하게 된다. 그리고 아이들은 부모가 약속을 안 지킨다고 생각하게 된다.

계약서를 쓰고 처음에는 잘 지키지 못하는 아들들을 보면서 나는 아래의 속담을 되새긴다.

"시작이 반이다. 첫술에 배부르랴!"

그러면서 도종환 시인의 시 '흔들리지 않고 피는 꽃이 어디 있으랴'를 떠올린다.

세상 모든 아빠들에게 말해주고 싶다. 아이들에게 아부하는 아빠가 되자!
그러면 아이들은 "아빠가 우리를 진심으로 사랑하시는구나" 하고 느낄 것이다.
평상시에 아이들에게 애정 표현을 자주 해 주어야 둔한 아이들도 알 수 있다.
가끔은 이렇게 말하자. "아빠는 어떤 어려움이 있더라도 너희들 편이다!"

chapter 02

대한민국 아빠들에게

단 1분이라도

"놀아줄 시간이 없어요."
"무엇을 하고 놀아야 할지 모르겠어요."
"아이와 노는 것이 재미가 없어요."

나도 다른 아빠들과 마찬가지로 놀아줄 시간이 없는 그런 바쁜 아빠였다. 수가 6살 때 내 별명은 '6연속 회식'이었다. 월요일 병동 회식을 시작으로 토요일 골프 약속까지 6일 연속으로 약속이 있었던 시절, 아들이 지어준 별명이다. 물론 너무하다는 원망이 서린 별명이다. 하지만 나는 정말 놀아줄 시간이 없다고 생각했다. 그렇다고 일요일에 놀아주려고 하면 너무 피곤해서 같이 놀아주기가 힘들었다.

고민이 컸다. 그러다 "단 1분이라도 재미있게 놀아주는 것이 중요하다"라는 글(권오진 저, 《아이의 미래를 바꾸는 아빠의 놀이 혁명》)을 읽게 되었다.

1분이라고? 용기가 났다. 좋아, 그 열 배를 놀아주겠어. 하루에 10분씩만 진짜 재미있게 놀아주기로 했다.

놀거리를 찾기 위해 인터넷 서핑을 해보았다. 그중에서 나도 좀 재미있을 것 같은 것을 골라보았다. 그렇게 놀다 보니 아들들하고 노는 것이 점차 즐거워졌다. 그만큼 즐거운 시간이 저절로 만들어지는 듯했다.

아들과 노는 즐거움을 깨닫게 되자 나는 좋아하던 취미생활인 골프시간을 줄였다. 주말마다 나가던 것을 2주에 한 번, 한 달에 한 번으로 조정했다. 그러니까 자연스럽게 피곤해서 못 놀아주던 일요일을 아이들과 놀아주게 되었다. 가장이므로 일을 줄일 수는 없지만, 취미생활은 줄일 수 있었다. 아들들도 나와 놀아주는 것이라는 생각에 이르게 되자 아들들과 놀 시간을 따로 만들 필요가 없었다. 그냥 일상이 된 것이다. 아들들과 보내는 시간은 취미 하나쯤을 버려도 되는 가치 있는 일이었다.

미 하원의장과 내 친구

미국 공화당의 1인자였던 폴 라이언 하원의장은 극심한 가난을 딛고 아메리칸드림을 이룬 인물로 유명하다. 그는 16살 때 병으로 아버지를 잃은 뒤 사회보장연금으로 생계를 유지해야 할 정도로 어려운 시절을 보냈고 중·고교 때는 알츠하이머병을 앓는 할머니를 돌보며 아르바이트를 해서 대학 학비를 스스로 마련했다. 우연히 존 베이너 전 하원의장의 선거운동 자원봉사에 나선 것이 계기가 돼 정치인의 길을 걷게 된 그는 무려 10선 의원으로 미 정계의 스타가 되었다.

그런 그가 2018년 10월, 돌연 불출마를 선언했다.

"가족과 더 많은 시간을 보내고 싶다. 자녀에게 주말 아빠(weekend dad)가 아닌 풀타임(fulltime) 아빠가 되어주고 싶다."

당시 그의 자녀들 나이는 16살, 14살, 13살이었다. 모두 라이언이 정계에 입문한 이후 태어났다. 그는 유럽에서 가족과 함께 2주간 부활절

휴가를 보내면서 깨달았다고 한다.

"가족과 온전히 5~6일가량을 함께 보낸 적이 드물다."

그리고 결단을 내렸다.

"만약 다시 출마해 연임에 성공하게 되면 아이들은 나를 주말 아빠로 만 기억할 것이다. 그런 일이 또다시 일어나게 할 수는 없다. 세 자녀 의 어린 시절은 빠르게 저물 것이다. 이들이 십대일 때 곁에 있어 주고 싶다."

나의 절친한 친구의 이야기다. 사업을 하는데 아직 회사가 안정되지 않은 상태여서 매우 바쁘다. 딸들은 계속 커 가는데 집에서 보내는 시간은 적다.

하루는 작은 딸이 다음과 같이 말했다.

"아빠, 우리랑 일주일에 몇 번이나 밥을 같이 먹어요?"

그래서 엄마는 "아빠가 요즘 일이 바빠서 그렇다"라며 이해를 구했고, 친구도 딸에게 4년만 더 기다려달라고 말했다고 한다.

이 이야기를 들은 나는 매우 마음이 아팠다. 4년 후에는 딸들이 아빠 랑 놀아줄까?

아이들은 기다리지 않는다

50대 중반인 내 지인은 제주와 광주를 오가면서 일을 한다. 그래서 자녀들이 어렸을 때부터 같이 지낼 시간이 크게 부족했다. 이제는 대학생이 된 아들과 딸이 있는데 최근 1년 전부터 집에 들어가면 왠지 모를 소외감이 느껴졌다. 아내와 아들딸은 서로 재미있게 대화를 하며 지내는데 자신은 거기에 끼지 못하고 겉돈다는 것이었다. 그러던 어느 날 한번은 용기를 내어 대학생인 남매를 불러놓고 이렇게 얘기했다고 한다.

"아빠가 요즘 너무 힘들다. 너희들하고 대화도 하고, 산책도 하며 지내고 싶은데 너무 소외되는 것 같아 괴롭다!"

그 일을 계기로 자식들과 조금씩 친해졌고, 지금은 집에 들어가는 일이 행복하다고 한다. 그러면서 이렇게 덧붙인다.

"자식들이 이렇게 금방 클 줄은 전혀 몰랐다. 아이들이 어릴 때부터 시간을 내서 같이 놀아줘야 한다. 안 그러면 나처럼 된다."

아빠가 해준 게 뭔데?

선배 의사 중에 기러기 아빠가 있다. 아내와 자식은 서울에 살고 자신은 제주도에 병원을 개원해 젊은 시절 가족들과 해외여행 한번 같이 가지 않고 열심히 일했다. 이제 딸들이 대학생이 되었는데, 하루는 딸과 언쟁을 하다가 딸에게 "아빠가 우리한테 해준 게 뭔데?"라는 말을 들었다. 그 순간 선배는 할 말이 없었다. 그렇게 일만 하고 살았던 그 시절이 너무 억울하고 서럽고 후회가 되었다.

"그때 딸들하고 놀러 다녔어야 했는데…."

《아버지 이펙트》란 책에 다음과 같은 글이 있다.

어린 학생들에게 물었어요. "아버지가 일찍 나가서 밤늦게까지 일하느라 집에 못 들어오시면 어떤 생각이 드니?" 그러자 돌아온 대답이 정말 놀라웠어요. "일하는 게 좋은가 보죠 뭐…." 요즘 아이들은 아빠가 열심히 일하는 것을 희생이라 여기지 않습니다. 그저 아빠 인생을 사는 거라고 봅니다. 오히려 아빠는 나를 사랑하지 않아서 나와 함께 시간을 보내지 않는다고 느낍니다. 자기가 좋아서 그렇게 열심히 일하는 것인데 나와 무슨 상관이냐는 겁니다.

아이가 다 자란 뒤, "어릴 때 아빠는 늘 내 곁에 없었어요. 그러니 아빠에 대해 아무런 감정이 없어요"라고 말한다면 어릴 때 그 시절 아이들과 함께하지 못한 시간이 너무 아플 것은 불 보듯 뻔하다.
길고 긴 인생에서 아이가 자라는 시간은 짧기만 하다. 기껏해야 10~15년이다. 머지않은 미래를 생각하면 일이 바빠서, 피곤해서, 마음은 있으나 상황이 안 되어 어쩔 수 없다고 자기합리화를 하려던 마음이 그만 싹 사라진다. 마음을 다잡을 수밖에 없다.

지금 어떤 일도 가족들 특히 아들들과 웃고 지내는 일보다 가성비가 더 높은 일은 나에게는 없다. 미 하원의장이 대통령 꿈을 포기할 만큼 자녀들과 지내는 이 시간이 제일 중요한 것이다. 지나고 나면 다시는 돌아오지 않는 소중한 시간이다. 그러니 아이들과 함께할 수 있는 추억의 시간을 늘리고, 그 시간만큼은 부모 역할에 최선을 다해야 한다. 양적으로 충분히 시간을 내지 못하더라도 짧은 시간이라도 질적으로 풍부한 사랑을 아이에게 주어야 한다.
훗날 "어렸을 때 함께한 경험이 없는데 어떻게 아빠와 친해지느냐"라는 말을 듣고 어쩔 줄 몰라 하는 비운의 노년기를 맞이해서는 곤란하지 않겠는가.

친구보다 가성비 높은 아들

소설가 김영하는 산문집《말하다》에서 이런 글을 썼다.

마흔이 넘어 알게 된 사실 하나는 친구가 별로 중요하지 않다는 거예요. 잘못 생각한 거죠. 친구를 덜 만났으면 내 인생이 더 풍요로웠을 것 같아요. 쓸데없는 술자리에 시간을 너무 많이 낭비했어요. 맞출 수 없는 변덕스럽게 복잡한 여러 친구의 성향과 각기 다른 성격, 이런 걸 맞춰 주느라 시간을 너무 허비했어요. 차라리 그 시간에 책이나 읽을걸. 잠을 자거나 음악이나 들을걸.

남자가 마흔이 넘으면 철이 드는 걸까. 나도 친구들과 어울리면 스트레스가 확 풀리고 생활에 활력이 된다고 생각해 왔다. 때문에 아이들과 보내는 시간은 노는 것이 아니라 놀아주는 시간이라고 여겨왔다. 그런데 이 글을 읽으면서 나의 삶을 되돌아보았다.

"그 시간에 아들들과 좀 더 같이 있을걸. 그랬어야 했는데."

그러자 이런 생각이 들었다.

"지금부터라도 좀 더 같이 있자."

무엇을 하며 어떻게 같이 있을 것인가. 나는 단순하게 생각하기로 했다. 나도 재미있는 게임을 하자. 포커. 도박이라고 생각할 수도 있지만 긴장되고 스릴 넘치는 게임이다.

그런데 겨우 열 살짜리 현이가 아빠와 형을 가지고 놀 줄이야.

"스트레이트는 높은 숫자가 이기는 거야?"라고 묻길래 나는 "아, 스트레이트구나"라고 판단하고 죽었다. 그런데 아무것도 아닌 패였다. 아무것도 아닌 패에 전부를 거는 것은 고도의 심리전을 구사하고 있다는 거였다. 포커는 사실 눈치싸움이다. 현은 우리 집에서 포커 신이 되었다. 나는 아들들과 포커 치는 재미로 하루에 한 번을 반드시 치게 되었고, 못 하는 날은 그다음 날 두 배로 하는 규칙까지 정했다.

게임이 재미있으려면 벌칙이 있어야 한다. 그래야 서로 스릴 있게 게임을 할 수 있다. 나는 아들들과 놀 때 친구들과 노는 것처럼 재미를 찾기 위해 규칙을 정하기로 했다.

> 보드게임에서 진 사람이 꿀밤 한 대 맞기
> 탁구에서 진 사람이 심부름 하나 들어주기
> 정리 정돈은 마지막 판 진 사람이 하기

게임이 일단 시작되면 나는 봐주지 않는다. 그래야 내가 재미있기 때문이다. 지지 않으려고 애를 쓰다 보면 진짜 친구들과 하는 것처럼 스릴이 있다. 무슨 아빠가 애들하고 그렇게 노냐고 한다면 스웨덴에서 유학한 황성준 박사의 말을 들려주고 싶다.

"놀아준다고 생각하면 쉬 피곤해진다. 함께 즐거워야 힘들지 않다."

나는 자신 있게 말할 수 있다.

"놀아주는 게 아니라 노는 겁니다."

아이들과 노는 일은 나도 재밌다. 애들과 친해지고 가성비가 아주 높다.

남자아이들은 여자아이들과 달리 대부분 경쟁을 좋아한다. 그리고 이기는 것을 좋아한다. 나도 마찬가지이다. 나는 대학교 시절에 테니스 동아리 활동을 했고 틈틈이 탁구도 쳤다. 그래서 보통 실력 이상이다. 주말에는 아들들과 테니스, 탁구를 가끔 치러 간다.

아들들과 테니스나 탁구를 칠 때 공을 받아넘기기만 하면 아들들도 재미가 없고 나도 재미가 없다. 그리고 아들들에게도 당연히 아빠를 이기고자 하는 경쟁심이 있다. 그래서 어느 날부터 핸디캡을 주고 시합을 했다.

탁구를 예로 들면 11점 가기에 5점을 잡아주고 한다. 한판을 하고 내가 이기면 심부름 1개를 얻는다. 내가 지면 주말에 게임하는 시간 10분을 추가한다. 그러고는 내가 이긴다. 그러면 6점을 잡아주고 그러고도 내가 이긴다. 나는 아들들에게 절대로 봐주지는 않는다. 그런 아빠를 알기에 7점을 잡아달라고 한다. 그때는 엄청 긴장하며 최선을 다해서 친다. 그럼 나도 엄청 재미있어진다. 그러고는 진다.

아들들과 운동할 때는 시시해지게 마련이다. 아직은 아들들이 체격조건이나 운동 숙련도에서 아빠를 이길 수 없기 때문이다. 그렇지만 아들들과 아빠 모두 재미있어야 둘 다 땀에 젖고 집으로 웃으면서 가게 된다. 아들들에게 승부 근성을 키워줄 수도 있어 핸디캡을 주고 경기를 하면 훨씬 재미있다. 다음에 또 함께 가고 싶어진다.

이런 경기를 통해서 아이들은 즐겁게 경쟁하는 법을 배울 수 있고, 이기고자 하는 경쟁심에서 오는 긴장감과 희열로 스트레스를 풀 수 있다.

남자들의 똥고집

마흔이 넘어가면서 친구들을 만나면 자식 교육 애기를 종종 하게 된다. 나는 아들들 교육에 관심이 많아서 흥미롭게 이야기를 듣곤 한다. 친구들의 양육 이야기를 들을 때마다 가끔 이런 생각이 든다.

'남자들의 똥고집.'

의사 친구들의 경우에도 거의 비슷하다. 양육에 대한 생각이 별로 없다. 진지하게 생각해보지 않은 경우가 많다.

"나는 알아서 잘 컸다. 그러므로 아이들도 하고 싶은 거 하다 보면 다 알아서 잘 크게 된다."

"아빠의 무관심, 이게 정답이다. 나는 아이들이 뭐를 배우는지도 잘 모른다. 그래야 좋은 대학 간단다."

"내가 간섭하면 아내가 싫어한다. 교육은 엄마가 해야 좋은 거다."

내 주변에는 이런 생각을 하는 아빠들이 의외로 많다. 나는 이 생각을 남자들의 똥고집이라고 본다. 양육에 대해 공부하고 다른 집 교육에 대해 들어보고 하는 과정도 없다. 그냥 '내가 알아서 한다. 나도 잘 컸다'라는 식이다.

"아들들은 알아서 크는 거다"라고 말하곤 했던 친구의 이야기다. '공부할 때가 되면 자연스럽게 하게 된다'며 게임에 매우 관대했다. 친구는 아들 두 명에게 갤럭시탭을 각각 사주고 자신은 스마트폰으로 게임을 했다. 아들들도 아빠가 하니까 옆에서 늘 같이하게 된 것이다. 아들들은 자연스럽게 게임을 하게 된다. 게임에 대한 통제가 전혀 없었다. 그런데 시간이 지나면서 문제가 발생했다. 둘째 아들이 게임을 하면서 눈을 자꾸 찡그리는 것이 아닌가. 그래서 혹시나 해서 안과를 찾았는데 시력이 양쪽 다 저하되어 안경을 써야 한다는 것이다. 갤럭시탭 영향이 컸다고 한다. 이 진단을 받은 친구는 즉각 갤럭시탭을 강제로 빼앗고 텔레비전으로 할 수 있는 닌텐도를 사줬다고 한다. 그리고 시간도 정해서 하는 것으로 했다.
나는 갤럭시탭을 빼앗긴 친구의 아들들이 너무 안돼 보였다. 이때까지 아무런 평가와 제재 없이 즐겼던 게임기를 하루아침에 아빠에게 빼앗긴 것이다. 아빠에 대한 배신감마저 들 수 있는 상황이라는 생각이 들었다.

"아이들이 하고 싶은 대로 놓아두면 행복해진다"라고 주장하는 사람들이 있다. 아이들에게 먹고 싶은 대로 먹으라고 하면 거의가 햄버거, 치킨, 과자 등 인스턴트 식료품을 먹을 것이다. 그리고 하고 싶은 거 하라고 하면 게임, 스마트폰 보기 등을 하고 있을 것이다. 이렇게 하면 아이들이 과연 행복할 것인가.

청소년기는 약간의 인내와 절제가 필요한 시기이다. 이런 과정을 거쳐 어른이 돼야 자기 통제를 할 수 있다. 그리고 성장하는 아이들에게 필요한 좋은 식생활을 할 수 있게 하고, 공부, 책 읽기 등을 통해 사회(인생)를 살아갈 수 있는 역량을 키울 수 있다.

그렇다! 부모들은 아이들이 지금 웃는 모습이 과연 그들이 행복해서 웃는 것인지를 깊이 생각해 봐야 한다.

아부하는 아빠가 되자!

식사 중에 내가 현에게 말했다.

"현아, 아빠 요구르트 하나만 가져다줘."

그런데 아내가 갑자기 자리에서 일어나 냉장고에서 얼른 요구르트를 꺼내주는 게 아닌가.

이 모습을 본 현이가 바로 "엄마는 내가 가져다주라고 할 때는 네가 갖고 오라고 하면서 아빠는 부탁하지도 않았는데 해주네" 하는 것이었다.

아내는 "현아, 아빠는 내 남편이잖아! 당연하지."

그랬더니 수가 옆에서 듣고 있다가 웃으면서 말한다.

"엄마, 그럼 아빠야, 우리야? 선택해."

그러자 아내가 즉시 대답한다.

"당연히 아빠지!"

아들들은 서로

"우리, 둘밖에 없다" 하면서 장난으로 울먹거리고 나서

"그럼 아빠는 엄마야, 우리야?"

나도 즉시 "난 당연히 아들들이지! 아빠는 이 세상 누구와 비교해도 항상 아들들 편이야. 엄마, 할아버지, 할머니 그 외 내가 소중히 여기는 친구들과 비교해도 항상 아빠는 너희들 편이다."

이렇게 대답하자 아이들은 두 눈이 동그래지면서 말한다.

"좋아, 아빠를 믿어 보겠어ㅎㅎ."

나는 항상 아들들 편에 선다. 아내가 가끔은 서운해 하기도 한다. 그렇지만 내 맘을 아는 아내는 전혀 불만이 없다. 가끔은 지나치게 아들들에게 애정 표현을 하거나 아부를 하는 나에게 아내는 질투 아닌 질투를 하는 체하지만 결국 잘하고 있다고 칭찬해준다.(역시 아들들의 양육에 있어서 부부는 조력자임을 깊이 실감한다.)

훗날 아들들이 가정을 떠나 세상에 나가면 생각지도 못한 무수히 많은 어려움에 처하게 된다. 이럴 때 생각나는 사람이 아빠이면 얼마나 좋을까?

아이들이 올바른 길을 갈 수 있도록 조언해 줄 수 있고, '내 뒤에는 아빠가 있구나' 하고 생각하는 아이들은 세상의 온갖 어려움을 헤쳐 나아가는 데 큰 도움이 될 것이다.

세상 모든 아빠들에게 말해주고 싶다. 아이들에게 아부하는 아빠가

되자! 그러면 아이들은 "아빠가 우리를 진심으로 사랑하시는구나" 하고 느낄 것이다.

평상시에 아이들에게 애정 표현을 자주 해주어야 둔한 아이들도 알 수 있다. 가끔은 이렇게 말하자.

"아빠는 어떤 어려움이 있더라도 너희들 편이다!"

아버지 효과에 대한 증거

증거 1. 아버지 효과

조세핀 킴(하버드대학교 교육대학원 교수)의 저서 중 《아버지 효과》를 보면, 하버드대학교 대학원 학생 가운데 외모나 성격 그리고 실력이 그다지 뛰어나지 않는데도 행복해 보이는 사람들이 있다. 이들을 조사한 결과 그들의 부모가 그들을 양육하면서 가장 중요하게 여긴 가치가 무엇이었는지 공통점이 있었다. 그것은 바로 아버지 효과였다.

형제자매가 8명이나 되는 한 학생이 있었다. 그 학생은 항상 따뜻하고 밝은 기운이 감돌았다. 그 학생은 아버지에 대해 이렇게 말한다.

아버지는 자동차 정비공으로 일찍 일을 나갔다가 밤늦게 귀가하곤 했습니다. 집에 들어오시면 땀 냄새, 기름때 냄새가 진동했습니다. 손은 늘 새까맸고요. 그런데 아버지는 그렇게 힘겹게 일하고 돌아와서는 자녀 여덟 명 한 사람 한 사람과 일주일에 한 번은 개인적 시간을 가지려 노력했습니다. 어린 시절 나는 아버지 무릎에 앉아 기름때로 주름진 아버지 손가락을 물티슈로 닦아 주며 오늘 하루 동안 좋았던 일, 안 좋았던 일을 이야기했습니다. 그리고 그 시간은 나의 일과 중 가장 하이라이트(highlight)였습니다. 아버지 역시 "이렇게 너와 얼굴을 맞대고 대화하는 것이 내게는 오늘의 하이라이트"라고 말씀하셨습니다. 아버지의 그 말은 몇 십 년이 지난 지금도 잊을 수 없습니다.

이 이야기를 하는 학생은 눈시울이 붉어졌다.

증거 2. 양육 참여는 선택이 아닌 필수

경제협력개발기구(OECD)의 〈2015년 삶의 질 보고서〉를 보면, 하루에 부모와 자녀가 함께하는 시간은 평균 151분이다. 그렇지만 한국 어린이는 하루 평균 48분으로 OECD 국가 중 최하위권이다. 더욱 놀라운 점은 한국은 아빠와 아이가 함께 보내는 시간이 하루 6분(OECD 평균 47분)에 불과하다.

1991년 영국 에이번에서 시작된 〈에이번 부모 – 자녀 종단 연구(Avon Longitudinal Study of Parents and Children) ALSPAC〉에서는 아빠가 긍정적인 태도로 자녀 양육에 참여하면 9세부터 11세 사이의 아동에게 발생할 수 있는 감정 조절의 어려움, 과잉 행동, 비행 행동, 또래 관계 문제 등을 줄이는 것으로 관찰되었다.

2016년 시행한 〈한국 어린이 청소년 행복지수 국제비교 보고서〉에 따르면 아빠가 경제력이 높지 않더라도 자녀와 관계가 좋으면 자녀는 삶의 만족도가 높은 수준을 보였다.

댄 킨들론·마이클 톰슨의 《아들 심리학》 중에서 아버지에 대해 우리가 알아야 할 중요한 내용만 여기서 소개한다.

아버지, 당신은 정말로 중요한 사람입니까?
1998년 7월 '사랑하는 아버지에게: 당신은 정말로 중요한 사람입니까?'라는 제목의 논문이 발표되었다. 이 논문에서 지적한 것은 어머니와 자녀 관계의 중요성을 다룬 연구는 컨테이너 하나를 가득 채울 정도인데 반해, 아버지의 중요성을 다룬 연구는 겨우 승용차 트렁크 하나 정도라는 사실이다.

1998년 〈인구통계학〉이라는 학술지에 실린 '새로운 아버지상'에 관한 특집 기사에 따르면, 아동기에 아버지와 밀접한 관계를 맺은 자녀들은 더 똑똑하고, 정신적으로 더 건강하고, 학업 성취도가 더 높았으며 사회에 나가서도 더 좋은 직업을 갖는 경향이 있었다.

노스웨스턴 대학교의 〈그레그 던컨 교수의 연구〉에 따르면 자녀가 사회에 진출하여 27세 때 벌어들인 수입에 가장 큰 영향을 미친 것은 '아버지의 학교 운영위원회 참석 여부'였다. 아버지가 자녀의 학교 활동에 얼마나 관심을 쏟느냐가 자녀의 미래에 생각보다 훨씬 더 큰 영향력을 미친 것이다.

〈인구통계학〉(미국)에 게재된 논문 중에서 주목할 점은 아버지가 정서적으로 친근하고, 학업성취 등 여러 측면에 관심을 기울인 아이들은 비행(폭력이나 약물복용 등)을 저지르는 빈도가 낮았다. 반면에 어머니와의 관계는 청소년기의 비행과 별 관련이 없었다. 그렇다고 이것이 어머니의 영향이 크지 않다는 뜻은 아니다. 어머니들은 아동과 맺는 친밀도에서 서로 큰 차이가 없으므로 아버지와 친밀한 관계를 맺는 것이 긍정적인 요인으로 더 크게 작용한 것이다.

'정서 교육과 감정 이입'을 주제로 다룬 한 연구 결과를 보면 어머니와 관련된 모든 요인보다 중요하고 가장 영향력이 큰 요인은 "아버지가 자녀 양육에 얼마나 관여했는가"였다. 연구를 통해 드러난 또 하나의 사실은 "자녀들과 친밀한 관계를 맺는 아버지들은 딸보다 아들들에게, 특히 아들이 사춘기일 때 더 많은 시간과 노력을 기울인다"라는 것이었다.

오늘날의 아버지들은 과거보다 더 많이 자녀 양육에 관여하고 있다. 하지만 아버지들의 관여가 늘 아들이 진정으로 원하는 정서적 유대를 형성하는 결과를 낳지는 않는다. 우리는 소년들이 아버지와 함께하는 시간이 부족하다고 여길 뿐만 아니라 아버지의 따뜻한 애정을 별로 느끼지 못한다는 사실을 발견했다. 그리고 아동기에 느낀 상실감, '아버지의 부재'는 청년기까지 깊은 그늘로 남는다. 이 사실은 남자 회사원들을 대상으로 한 통계 조사 결과 밝혀진 내용이다. 300명의 이사급 간부와 중간 관리자들에게 아동기 때 아버지와의 관계 중 아쉬웠던 점을 한 가지 꼽아달라고 했더니, 남성 응답자들 대부분이 "아버지와의 친밀감이나 친근함을 거의 느끼지 못했다"라고 답했다. 그들은 "아버지와 더 친밀했더라면" "아버지가 자신의 감정과 느낌을 좀 더 많이 표현해 주셨더라면" 하는 아쉬움을 토로했다.

세상의 엄마들은 양육에 대해 비슷한 애착과 열정을 가지고 있다. 내 주위를 보더라도 엄마들은 대부분 비슷하게 아이들에게 시간을 투자하고 애정을 가지고 무엇을 하는지 살펴본다.

그러나 아빠들은 아이들에게 투자하는 시간에 편차가 많다. 아주 많은 관심을 가지고 놀아주는 아빠가 있는가 하면 바쁘다는 핑계로 아이와 시간을 보내는 것을 어쩌다 한 번씩 하는 이벤트로 생각하는 아빠들이 있다. 가끔 놀아주고 외식하고, 주말에 함께 있어 주는 것만으로 양육이라고 할 수 없다.

위의 여러 연구에서 보면 '어릴 때 얼마나 아빠와 애정을 갖고 지냈느냐에 따라 성인이 됐을 때 자기의 삶에 대한 만족도에 영향을 미친다'라는 결론이 나온다. 그래서 자녀가 어른이 되어 행복하기를 바라는 아빠들은, 양육은 선택이 아니라 필수라는 것을 반드시 알아야 한다.

증거 3. 아빠의 참여는 이를수록 효과적이다

아빠들은 숫자에 강하다. 남자들은 가성비를 중요하게 여긴다. 섬세하게 무엇을 하느냐보다는 얼마나 효과가 좋으냐에서 답을 찾기를 원한다. 다음의 연구 결과는 아빠들은 자녀들이 어릴 때부터 교육에 참여해야 한다고 말하고 있다. 어릴 때 참여하는 것이 가장 가성비가 좋다는 것이다.

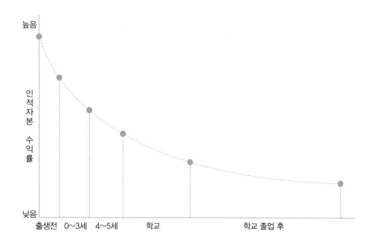

인적 자본 투자의 수익률 개념도

언제 교육에 투자해야 수익률이 높은가를 보여주는 그래프. 2000년 노벨경제학상 수상자인 제임스 헤크먼 교수팀이 작성한 그래프로, 인적 자본에 대한 투자는 아이가 어릴 때 할수록 좋다는 것을 보여준다. 오해하지 말 것은 여기서 말하는 인적 자본이란 지식만이 아니라 인성, 기능까지 포함하는 개념이다. 로그인 제공

118

연구 결과에 따르면 가장 수익률이 높은 것은 초등학교 입학 전 즉, 유아기이다. 헤크먼 교수 팀이 과학적 근거를 기초로 작성한 개념도는 인적 자본에 대한 투자는 아이가 어릴 때 해야 한다는 것을 보여준다. 여기서 부모들은 그럼 유아 시절에 돈을 많이 투자하여 영어유치원, 수학 선행교육, 피아노 학원 등을 보내야 하느냐고 반문할 수 있다.

이 연구에서 '교육'이란 용어가 아닌 '인적 자본'이라는 말을 사용한 이유가 있다. 인적 자본은 사람이 지닌 지식과 기능을 모두 아우르는 말이다. 즉, 부모가 아이들과 놀아주면서 키워주는 체력과 건강, 아이들에게 예의범절을 가르쳐 인격을 형성시키는 일, 부모가 집에서 아이들에게 책을 읽어주는 일들이 포함된다.

대부분의 경우 아빠들은 아이들이 어릴때 가장 왕성한 사회생활을 하게 된다. 그렇지만 경제적 개념에서 본다면 자녀가 어릴 때 아빠가 투자하는 인적 자본이 나중에 자녀들이 크고 나서 안정을 되찾았을 때 투자하는 인적 자본보다 훨씬 더 효과적이라는 사실을 반드시 기억해야 한다.

또한 의학적으로 보면 정신분석학에서 사람의 성격은 만 4살쯤에 이미 8할은 형성되며 뇌세포는 만 6살이 되면 대부분 형성된다고 한다. 즉, 사람의 성격은 생후 6년에 거의 기초공사가 끝나는 것이다. 따라서 아이가 학교에 들어가기 전인 6~7살 때까지 아버지에게서 어떤 영향을 받고 자랐는지가 매우 중요하다. "세 살 버릇 여든까지" "크게 될 나무는 떡잎부터 다르다"라는 속담이 진리임을 잊어서는 안 된다.

강의노트 2

아버지, 당신은 중요한 인물입니까

1. 아들들, 고맙소

많은 연구 결과에서 보듯이 아이에게 아버지는 매우 중요한 인물이다. 아빠가 아이의 양육에 적극적으로 관심을 기울이면 아이들이 경제적으로나 정신적으로 긍정적 결과를 얻을 수 있다. 여기까지는 연구 결과로 나타난 것이다.

그럼 아버지는 아이에게 긍정적 영향을 주었으나 자기 자신은 불행하고 고되게 산 것인가. 결론적으로 그렇지 않다. 아들에게 많은 시간을 투자하는 것은 아들을 위해서가 아니라 아버지 자신을 위해서다. 아이들에게 시간을 투자하다 보면 오히려 아이들에게 '고맙다'라는 생각을 많이 하게 된다.

아들들 덕분에 책을 쓰게 되면서 알게 된 사실이 하나 있다. 내가 아들을 키우는 게 아니라 아들 덕분에 내가 크고 있다는 것을. 책에도 나와 있듯이 평생 책을 읽는 걸 싫어

했던, 아니, 읽으려고 노력조차 하지 않았던 내가 아들 덕분에(아들이 카페에 가서 책을 읽고 있으면 나도 읽어야 했다) 책을 읽게 되었다. 데일 카네기의 《인간 관계론》을 읽으면서 많은 것을 깨우쳤다. 책은 내 인생을 풍요롭게 해주는구나.

아들들 덕분에 나는 더 겸손하게 되었다. 우리 집 가훈은 '겸손하면'이다. 나는 겸손해야 하는 것이 마땅하다고 생각하고 있었고, 아이들이 커 가는 것을 보면서 겸손해야 한다고 말해주고 싶었다. 그래서 '겸손하면'을 가훈으로 정했고, 그 후 나도 가훈을 보면서 항상 겸손하게 살려고 노력하는 중이다. 병원에서도 원훈으로 정해 환자들에게 겸손한 자세로 대하려고 노력하고 있다. 이 또한 아들들이 있었기에 가능했던 일이다.

이뿐만 아니다. 아들들 덕분에 스마트폰을 손에서 놓을 수 있게 되었다. 나는 집에 와서 페이스북이나 네이버 기사를 자주 보곤 했다. 아들들이 유튜브를 너무 오래 하는 것을 보면서 한마디 했더니 아들들은 "아빠도 많이 보잖아" 하고 말한다. 이런 이야기를 듣고서는 나부터 스마트폰을 보는 시간을 확 줄였다. 집에서나 출근해서도 스마트폰은 최대한 손에서 놓으려고 하고 있다. 많이 좋아졌다. 덕분에 남는 시간에 책을 읽을 수 있고 지금처럼 글도 쓸 수 있다.

아들들 덕분에 소통 방법을 알게 되었다. 나는 의사인데다 큰형이어서 누군가에게 잔소리를 많이 할 수밖에 없는 사람이다. 내가 옳다고 생각하곤 했다. 아들들이 나와 대화할 때 내 말을 잠자코 듣고 있으면 나는 '내가 잘 설득하고 있구나'라고 생각했는데 실상 알고 보니 그게 아니었다. 아들들은 자기가 말할 차례를 기다리고 있었다. 그러고는 자기주장을 피력했다. 그때 나는 '경청을 잘하지 못하고 있구나' 하는 생각이 들었다. 이때부터 아들들이 하는 얘기를 끊지 않고 듣기 시작했고, 친구들, 환자들, 동료들과 이야기할 때도 많이 들으려고 노력한다.

아들들 덕분에 집이 즐거워졌다. 아버지 어머니를 모시고 집에 갈 때 아들들이 없으면 조금 서먹서먹했다. 그렇지만 아들들이 자라 할아버지, 할머니와 소통을 하고 난 후에 나랑 아내의 부담이 줄었고, 덕분에 부모님을 모시고 해외여행도 함께 갈 수 있었다. 아들들이 없었으면 불가능했을지도 모른다. 해외여행을 가면 나는 아내의 손을 잡고 수는 할아버지 손을 현은 할머니 손을 잡고 걸어간다.

아들들 덕분에 아내와 싸울 일이 없어졌다. 아니, 싸울 수가 없다. 하루는 아들이 엄마, 아빠가 싸우면 너무 스트레스를 받아 마음이 불안해진다고 하는 말을 들었다. 그 말에 나와 아내는 충격을 받았다. 그 이후로는 1년에 한 번 정도 싸우는 부모가 되었다. 아니, 진짜 싸울 수가 없는 부모가 되었다. 아들들은 싸우려면 자신들이 없을 때 싸우라고 한다.

아들들 덕분에 젊어졌다. 내 친구들은 힙합 노래를 모른다. 나는 매우 잘 안다. 아들들과 같이 '쇼미더머니'(Show Me the Money)라는 방송을 다 챙겨봤다. 차를 타고 가면서도 아들들과 같이 듣는다. '인성보소!', '베라'(베스킨라빈스) 등 아들들이 쓰는 단어들을 쉽게 접할 수 있고 알게 되었다.

마지막으로 아들들 덕분에 내가 좋아하는 스타크래프트를 할 수 있다. 이 점이 제일(?) 고맙다. 아들들이 없었으면 집에서 게임을 하는 남편을 진짜 한심하게 쳐다보고 있을 아내 모습이 보인다. 그렇지만 우리 집에는 컴퓨터 두 대가 있다. 수와 현 둘 중 한 명이 학원을 가게 되면 나는 집에 있는 아들과 두 대의 컴퓨터로 게임을 한다. 너무 좋다.

모두 아들들 덕분이다. 아들들, 고맙소!!

2. 가장 즐거운 성공

성공한 사람을 꼽으라면 사람들은 대부분 세계 최고 부호 워렌 버핏, 명예를 얻은 링컨, 존경을 받는 이순신 장군 등을 꼽을 것이다. 그렇다. 모두 크게 성공한 분들이다.

나도 공부를 열심히 해서 의대에 진학했다. 본과 4년 동안 정말 열심히 살았다. 시험기간에는 잠을 거의 자지 않고 밤을 새워가며 공부했다. 인턴, 레지던트 시절은 과도한 업무량으로 항상 힘들게 보냈다. 그러고 나서 내과 전문의가 되었다. 일단은 성공했다고 나름 느낀다. 그렇지만 그 과정이 너무 힘들어서 포기하고 싶은 적이 한두 번이 아니었다. 성공하기 위해서는 대부분의 사람들이 이처럼 인고의 과정을 거친다.

사람은 누구나 죽는다. 임종자들이 숨이 넘어가는 순간에 가장 많이 생각나는 것은 재산, 명예, 친구들이 아니라 가족이라고 한다. 가족들과 함께 편안한 임종을 맞기를 누구나 기대한다. 나는 수년간 봉직의로 근무하면서 수없이 많은 임종의 순간을 지켜보았다. 경제적으로 부유하게 보이지만 가족 없이 쓸쓸히 마지막 순간을 맞이하는 분도 매우 많았다. 그런 분을 볼 때면 참으로 서글퍼진다. 그리고 가족들에게 둘러싸여 편안하게 임종을 맞이하는 분들을 볼 때면 "그래도 이분은 행복한 분이구나" 하고 느꼈다.

인생의 성공 여부는 임종 순간의 가족 관계에서 판가름 난다고 보면 정확하다. 나는 과연 가족과 얼마나 많은 추억을 쌓았는지, 가족에게 못 다해 준 일이 얼마나 많았는지, 가슴 아프게 해준 것은 없었는지를 떠올릴 것이다. 이때 가족과 함께한 행복한 많은 추억을 떠올리며 만족을 느낀다면 그 인생은 성공한 인생이리라.

이처럼 가족과 행복한 시간을 많이 보내고, 아이들과 즐거운 관계로 한평생을 산다면 이것이야말로 가장 중요한 성공이다. 그렇지만 이 성공은 다른 성공과는 다른 점이 있다. 다른 성공은 과정에 엄청난 희생이 따르고 힘이 드는 경우가 많다. 그리고 성공으로 가는 과정이 즐겁지 않다.

내 아들들은 나를 좋아한다. 현의 스마트폰에는 내 번호가 '잘 놀아주는 아빠'로 저장되어 있고, 수도 무슨 일이 있으면 아빠와 대화하기를 즐기고 많은 토론을 한다. 이 순간에도 의사로서 성공한 것보다 아들들에게 좋은 아빠가 된 것이 더 큰 성공이라고 생각한다. 앞으로도 아들들과 많은 시간을 함께하고, 일관된 생각을 가지고 대한다면 이 성공은 지속될 것이다.

아들들과의 관계에서 성공은 큰 의미가 있다. 다른 성공들과 다른 중요한 점은 그 과정이 힘들지 않고, 매 순간 행복할 수 있다는 것이다. 아들들과 함께하는 시간은 성공으로 가는 과정이지만 즐거운 일이기도 하다. 그래서 나는 이렇게 말하고 싶다.

"아빠가 되어가는 일은 인생에서 가장 즐거운 성공이다!"

3. 인생의 동반자가 되자

"공부를 왜 해요?"

"우연히 차 사고가 날 수도 있는데 죽으면 어떻게 해요?"

"행복이란 뭘까요? 왜 인간은 사는 건가요?"

6학년 중반 사춘기가 시작될 때 수가 했던 질문들이다. 이런 질문을 아이가 갑자기 했을 때, 우리는 자신이 살아온 경험을 바탕으로 시간을 들이더라도 진지하고 성의있게 대답해 주어야 한다.

"부모 말 잘 들으면 자다가도 떡이 나온다"라는 속담이 있지만, 요즘에는 통용되지 않는다. 그렇지만, 위기나 고민이 있을 때 가장 먼저 의논해야 할 상대는 부모님이다.

6년 전 나는 병원의 봉직의였다. 나름 병원에서 역량이 있어 월급도 많이 받는 상태였다. 그즈음 개원을 하고 계신 원장님의 건강이 위중하니 나에게 병원을 인수하지 않겠느냐는 의견을 주셨다. 결정을 빨리해야 하는 상황이었다. 인생의 아주 중요한 시기였다. 개원하겠다는 생각은 있었지만, 이렇게 갑자기 다가올 줄은 예상치 못한 상황이었다. 그날 내가 알고 있는 지인들을 만나고 조언을 구했다. 네 분을 만났는데 반반이었다. 네 분 모두 나와 이해관계가 조금은 있는 분들이어서 본인 생각을 하면서 나에게 조언을 해주는 것이었다.

그러고 나서 저녁에 아버지에게 여쭤보았다. 아버지는 바로 달려와서 병원에 함께 가서 보고는 위치도 좋고 시장 근처라서 좋을 것 같다고 조언해 주셨다. 그래서 그날로 계약을 하게 되었다. 지금은 개원한 지 6년 차다. 나름 성공한 병원이 되었다. 그때 그 기회를 놓쳤다면 후회했을 것 같다고 지금 생각하고 있다.

나는 내 인생에서 중요한 것을 반드시 아버지에게 여쭤보고 결정한다. 아버지는 오로지 나만 생각하고 조언을 해주신다. 그래서 나는 아버지 의견을 많이 참고하고 결정한다. 어릴 적부터 아버지와 소통이 잘 되어서 아버지에게 의견을 묻는 게 조금도 어렵지 않다. 그렇지만 내 주위의 많은 친구들은 아버지에게 묻는 것을 꺼린다. 편하게 대화하는 시간도 갖기 힘들 뿐만 아니라 아버지의 생각이 그리 좋은 것일까 하고 의심하는 경우도 종종 보게 된다.

그래서 나는 우리 아들들이 나에게 질문하는 것을 좋아한다. 그리고 어이가 없는 질문이나 지나친 질문도 혼내지 않고 편하게 대답해 준다. 질문하는 것 자체가 대견한 일이니까!

미국 작가 마크 트웨인은 아버지의 지혜를 몰라봤던 자신의 무지를 역설적으로 한탄했다. 그러면서 다음과 같은 명언을 남겼다.

"내가 14살 때 아버지는 너무 무지해서 옆에 계시는 것조차 참기 힘들었다. 그런데 21살이 됐을 때는 아버지가 어떻게 그리 유식해지셨는지 놀라지 않을 수 없었다."

다음은 한때 인터넷에서 떠돌았던 아버지에 관한 유머이다. 결국 아버지의 존재는 아이들에게 매우 큰 힘이 된다.

▲ 4살: 아빠는 뭐든지 할 수 있다

▲ 7살: 엄청 많은 것을 아신다

▲ 12살: 저것도 모르시네

▲ 14살: 고리타분하시다니까

▲ 21살: 구제 불능 구닥다리셔

▲ 35살: 결정하기 전에 아버지 의견부터 여쭤봐야겠어

▲ 50살: 아버지라면 어떻게 하셨을까

▲ 60살: 정말 많은 걸 아셨던 분이야

▲ 65살: 한 번만 더 아버지와 상의해볼 수 있다면

> 가랑비가 내릴 때는 책이나 가방으로 몸을 가리며 가지 않는다.
> 그냥 맞으면서 간다. 그렇듯이 우리도 아들들과 지낼 때 온몸으로 같이 있어
> 줘야 한다. 몸과 마음이 온전히 그 속에 있어야 한다. 그래야 옷이 젖는다.
> 그리고 지속해서 같이 있어 줘야 한다. 한두 번 같이 있었다고 추억이 생기지는 않는다.
> 큰 사건이 있어야 추억이 생기는 것도 아니다.

chapter 03

아들과 친해지는 13가지 방법

스킨십이 필요해

아이들이 커가면서 스킨십이 줄어든다. 나는 가끔 아이들과 같이 잠을 잔다. 종종 스마트폰을 5분 정도 빌려주거나 졸릴 때까지는 책을 읽어도 좋다고 한다. 그러니까 아이들은 나랑 같이 자는 것을 좋아하고, 일주일에 한 번은 꼭 같이 자자고 한다. 아이들과 같이 자면 다음과 같은 장점이 있다.

❶ 스킨십을 자연스럽게 할 수 있다. 아빠가 팔베개해주는 것을 좋아하고 자연스럽게 손을 잡고 자자고 한다.

❷ 평소에 하지 못했던 은밀한 대화를 할 수 있다. "아빠는 엄마가 좋았어?" "아빠가 좋아하는 여자 연예인은 누구야?" 나도 아들들에게 좋아하는 여자 친구 있느냐고 물어본다.

❸ 아내와 매일 같이 자다가 한 번쯤 아들들과 자고 나면 다시 아내가 그리워

진다.

❹ 자기 전에 스무고개 같은 게임을 하곤 한다. 어두운 방에서 눈을 감고 하는데, 캠핑 가서 별을 보면서 하는 것만큼은 아니지만 나름 낭만적이다.

유대인 부모들은 직장에서 일찍 귀가해 가족과 함께하는 시간을 매우 중요하게 여긴다. 특히 아빠들은 이를 철저히 지킨다. 아이들과 함께 놀아주고 이야기를 나누며 소통하는 것이 유대인 부모의 스킨십이라고 할 수 있다.

나는 부모님께 안마해드린 적이 거의 없다. 이제 생각해 보면 어릴 때부터 스킨십 기회가 거의 없어서 해드리고 싶은 마음은 많았지만 어색해서 못하는 것이다.

지금 나의 아들들은 중학생, 초등학교 5학년인데 가끔 징그러워도 뽀뽀를 한다. 어릴 때부터 자기 전에 뽀뽀했던 습관이 몸에 배어 있어 그런지 조금도 어색하지 않다. 그리고 자주 아들들 자는 방에 들어가서 침대 가운데 같이 눕는다. 그러면 아들들이 내 손을 잡아주고, 내가 일어나서 나가려고 하면 못 나가게 바리게이트를 치곤 한다.

요즘은 집에 들어오면 아들들과 꼭 하이파이브를 한다. 그냥 시도 때도 없이 한다. 아들들은 이제는 습관적으로 지나가다가도 하이 파이브를 한다. 아침에 출근하기 전에도 자는 아들들 볼을 만지면서 "아빠, 출근한다"고 말하며 스킨십을 하고 나온다.

이렇듯 어색한 스킨십도 자주 하면 아주 쉬운 스킨십이 된다.

육룡이 나르샤

아들들이 커가면서 함께 만화영화 등을 보러 극장에 갔다. 그러나 생각만큼 재미있지 않아 가끔 졸기도 했다.

몇 년 전 〈육룡이 나르샤〉라는 드라마를 같이 본 적이 있었다. '15세 관람가'지만 무섭고 칼이 나오는 장면은 눈을 가리면서 같이 봤다. 이 드라마는 조선 건국 이야기이다. 집에 조선왕조실록이라는 단행본이 있는데, 다 같이 이 책을 읽고 드라마를 보면서 서로 자연스럽게 역사 이야기를 하고는 했다.

드라마가 방영되는 월, 화요일에는 드라마 시작 전까지 각자 자기가 할 일, 숙제, 독서 등을 열심히 하고 나서 다 같이 침대에 걸터앉아 본다. 우리 집은 거실을 서재로 꾸며서 안방 침실에 TV가 있기 때문이다.

아이들과 같이 드라마를 보면 다음과 같은 장점이 있다.

❶ 드라마가 방영되는 동안에는 우리 가족 모두가 드라마 하는 날을 기다린다.

❷ 공통화제가 생기고, 주제가를 같이 흥얼거린다.

❸ 역사 드라마는 자연스럽게 우리 모두에게 역사책을 읽게 해준다.

❹ 안방에 모여 서로 뒤엉켜서 TV를 보면 그만큼 친밀감이 더 솟아난다.

아이들이 좋아하는 만화 같이 보기

친구가 자기 어렸을 때 읽었던 《만화 삼국지》 60권을 집으로 보내주었다. 나도 삼국지는 끝까지 읽어보지 않아서 읽어보고 싶었다. 책이 온 날, 수는 20권이나 읽었고, 현이는 5권, 나도 2권을 읽었다. 거실에 모여 다 같이 책을 읽었다. 책 읽기에 흥미가 많지 않은 현이도 나랑 경쟁하면서 삼국지를 읽어 갔다. 결국 나보다 1주일 먼저 60권을 다 읽고는 아빠보다 빨리 읽었다며 자랑한다.

아들과 단둘이 있을 때 대부분의 아빠는 어떤 대화를 해야 할지 어려워한다. 보고 있는 TV 프로그램이나 취미, 관심사 등이 서로 다르기 때문이다.

내가 어릴 적에는 일본 만화 《슬램덩크》가 인기가 많았다. 그때 강백호라는 주인공이 아직도 잊히지 않는다. 현재는 일본 배구 만화인 《하이큐》라는 만화가 인기 좋은데, 현이가 특히 좋아한다. 하루는 현이한테 아빠에게도《하이큐》좀 보여달라고 했다. VOD(재방송)로 1편에서 6편까지 쉬지 않고 같이 봤다. 너무 재미있었다. 오랜 시간 TV만 본다고 아내에게 혼나기는 했지만, 그 이후 현이와 하이큐 이야기를 많이 하게 되었다. 단둘이 밥을 먹을 때도 하이큐 주인공들 관련 이야기를 하면 시간 가는 줄 모르게 된다.

아빠들은 아이들이 빨리 자라서 아빠가 좋아하는 관심 분야의 이야기를 할 수 있는 나이가 되기를 바란다. 정치, 경제 등의 이야기를 같이 할 수 있으면 좋겠다고 생각한다. 이런 바람을 가진 아빠라면 지금 먼저 아들이 좋아하는 것에 관심을 가지고 아들이 관심 있어 하는 게임, 만화 등을 즐겨야 한다. 그래야 나중에 할 이야기가 많아진다.

나는 어렸을 때부터 책을 즐겨 읽지 않았다. 시험에 나오는 전공서적이나 의학서적은 많이 읽었지만, 교양서적은 거의 읽지 않았다. 그러다가 친구가 보내준《만화 삼국지》를 아들들과 같이 읽고 난 다음부터 아동서적에 관심을 가지게 되었다. 아동도서는 읽기가 쉽고 지루하지 않다. 내용이 도움이 안 된다고 생각할 수도 있지만, 동화책들도 도움이 되는 책이 많다. 특히《who》에서 읽은 위인 이야기는 나의 교양 지식을 쌓는 데에 나름 큰 도움이 되었다.

그 뒤로 나는 아이들과 같이 책을 읽는다. 독서에 관심이 별로 없던 현이도 내가 책을 읽을 때는 꼭 옆에 앉아서 읽는다. 나는 어려운 책보다는 아동용 도서라도 같이 읽을 수 있다는 점이 정말 좋다.

기다림은 아름다운 추억이 된다

결혼한 지 11년 만이고 아들들이 10살, 8살 때 처음 가족여행으로 싱가포르를 찾았다. 패키지 여행 중 둘째 날은 자유여행 시간이어서 '유니버셜 스튜디오'에서 종일 놀다가 택시를 타고 칠리크랩(칠리소스와 토마토소스를 넣어 만든 매콤한 게 요리)이 유명한 점보식당에 갔다. 예약을 안 해 무려 2시간을 기다려야 한다는 말에 썩 내키지는 않았지만, 딱히 갈 곳이 없는 상태라 기다리기로 했다.

낯선 곳에서 아무 할 일 없이 기다리는 시간이 지루하기만 했다. 그러나 낯선 곳이라 우리 가족만 있는 느낌, 그리고 '우리가 여기서는 서로 의지해야겠구나!' 하는 생각이 들었다. 우리는 무엇에게도 신경을 쓰지 않고, 벤치에 앉아 양말을 벗은 다음에 묵찌빠 게임을 하고, 현지에서 산 장난감을 가지고 놀기도 했다. 아이들은 내 무릎에 누워있기도 했다. 이렇게 두 시간을 기다린 끝에 우리는 맛있는 저녁 식사를 할 수 있었다.

아이들은 지금도 싱가포르 하면 두 시간을 같이 기다렸던 그 음식점 이야기를 한다. 낯선 이국에서 두 시간을 기다렸던 경험이 우리에게 여행의 추억을 만들어주었다. 그냥 우리 가족은 두 시간 동안 같이 있었을 뿐이다. 여행을 다녀온 후에 좋은 점은 아들들과 공통의 화제가 있다는 것, 추억을 아이들과 공유한다는 것이다.

3-5

말없는 느낌표!

가을 단풍이 든 한라산을 오르면 너무 좋다. 어느 날 아들들과 '윗새
오름'(해발1780미터)까지 가기로 했는데, 대략 왕복 4시간 걸리는 거리
다. 처음 가 보는 윗새오름은 가는 길이 매우 험했다. 현이 말로는 끝
이 없는 계단이라고 한다. 경사도 험해서 우리는 서로 격려하며 올라
갔고, 현이 뒤처지고 있어서 나는 현이 손을 잡고 걸었다. 마침내 3시
간이 지난 후 윗새오름에 도달했다. 거기서 갖고 온 김밥과 콜라와 치
킨을 먹으면서 우리는 서로 흐뭇한 미소를 지었다.

서로 힘들어서 이야기는 많이 하지 못했지
만, 다 같이 정상에 오른 대단한, 기념
비적인 날이었다.

같이 걷는 100미터

현은 6학년이지만 나는 아이를 반드시 학원에 데려다준다. 거리는 약 100미터로 남들이 보면 과잉 보호라고 할 만큼 가까운 거리다. 그렇지만 이때만큼은 아들과 손을 꼭 잡고 걸어간다. 4학년 때부터 가는 길이라서 항상 손을 잡고 걸었다. 짧은 거리라서 아들도 그냥 잡고 간다. 물론 끝날 때도 시간이 되면 걸어가서 기다린다. 숨어서 놀라게 해주기도 하고, 늦을 때면 아이한테 말을 듣기도 한다. 처음에는 조금은 귀찮고 그럴 필요까지 있을까 했지만, 지금은 같이 걸어가는 3분이 즐겁기만 하다. 언젠가는 아이가 오지 말라고 하겠지만 지금은 즐거우니까 할 수 있는 일이다.

함께하는 하굣길

평일에는 진료가 있어 아들들이 하교하는 데 가본 적이 한 번도 없다. 최근에는 수요일 오후에 휴진이어서, 드디어 아들들을 데리러 학교에 가기 시작했다. 예전부터 아들들 하교할 때 데리러 가고 싶었는데 이제는 일주일에 한 번을 할 수 있어 너무 즐겁다. 친구들과 장난하며 나오는데 아빠가 기다리고 있으니 아들이 깜짝 놀란다. 그리고 집에 오면서는 학교생활이나 친구들과의 관계에 대해 얘기할 기회를 갖게 됐다.

할 수 있다면 뭐든 함께

아들 손을 잡고 곤충채집에 나서면 아버지는 빈손으로 돌아오면서도 행복을 느낀다. 한 달에 한 번씩 함께 이발하러 가거나, 토요일 아침마다 샌드위치를 만들겠다며 햄과 식빵을 같이 사러 가는 아버지와 아들은 행복하다. 남들이 보기에 아주 소소하고 단순한 일이라도 얼마든지 둘만이 공유하는 시간이 될 수 있고, 아버지와 아들 사이의 유대감을 키워주는 든든한 토대가 될 수 있다.

수가 고등학교 입학하기 전에 체력을 키워줘야겠다고 생각해서 운동을 같이하자 했더니 하겠다고 한다. 우리는 그렇게 헬스장을 함께 다니게 되었다. 헬스장에는 내가 아는 사람은 많지만, 아들이 아는 사람은 전혀 없다. 그래서 아들은 2시간가량 헬스를 하는 동안 나와 대화를 많이 하게 된다.

만약 학교 운동장에서 아들 친구들과 축구를 했다면 아들은 나하고 거의 대화를 안 할 것이다. 아빠하고 얘기하기 싫어서가 아니라 친구들과 대화에 집중해야 하기 때문이다. 그래서 아는 사람이 없는 곳에서 아들과 함께 운동하면 대화를 많이 할 수 있는 좋은 기회를 얻게 된다. 물론 스마트폰이 있으면 아빠와 대화를 덜 할 수도 있겠지만 헬스장에는 스마트폰을 들고 다니면서 운동하는 사람이 거의 없다. 헬스장은 아들과 운동하면서 대화를 하기에 최적의 장소이다.

사소하지만 중요한 것

먹방 프로그램인 〈맛있는 녀석들〉의 인기가 상한가다. 정말 맛있게 먹으면서 각자 맛있게 먹는 노하우를 말해준다.

수는 맥도널드 치킨텐더를 무척이나 좋아한다. 퇴근길에 치킨텐더를 사왔더니 수가 '케이준 소스'는 어디 있느냐고 물었다. 나는 속으로 '아차! 소스가 중요하구나!' 생각했다. 그 일이 있고 난 후 나는 치킨텐더에는 케이준 소스가 있어야 한다는 것을 알게 되었다. 그래서 맥도널드 치킨텐더를 주문할 때 "소스는 케이준 소스로 주세요!"라고 자신 있게 말한다. 수는 내가 치킨텐더를 사가지고 가면 케이준 소스와 함께 맛있게 먹는다.

남자들은 섬세하지 못해서 치킨텐더만이 중요하다고 생각한다. 그러나 조금만 신경 쓰면 아들을 기쁘게 할 수 있고, 센스있는 아빠가 될 수 있다.

베스킨라빈스 아이스크림에는 31가지 맛이 있다. 서로 다른 맛을 좋아하기 때문에 평상시에 스마트폰에 수가 좋아하는 맛, 현이가 좋아하는 맛을 입력해둔다. 잘 모르겠으면 전화해서 물어보거나 아이가 고를 때 사진을 찍어 저장해둔다. 그러면 센스있는 아빠를 넘어서 아이들은 "아빠는 나를 소중히 여기는구나!" 하고 생각하게 된다.

힘든 시기에 지켜준 것

요즘 아버지들은 퇴근해서 집에 오면 반겨주는 사람이 없다고들 한다. 나도 집에 들어갈 때 반겨주는 사람이 없으면 종일 일한 피로가 그대로 쌓인다. 그러나 아들들이 반겨주면 기분도 좋고 피로가 확 풀린다.

록그룹 '부활'의 리더 김태원씨가 〈무릎팍도사〉에 출연해서 한 어린 시절 이야기다. 초등학교 1학년 때 담임 선생님으로부터 심하게 구타를 당했다고 한다. 담임 선생님은 교탁의 칠판에서부터 교실 끝까지 김태원이 밀리도록 따귀를 때렸다. 왜 그랬는지는 기억이 별로 나지 않는다고 한다. 다만 그가 입학하자마자 가세가 급속히 기울었고, 유명한 사립 초등학교에 입학한 신입생이 교복 살 돈이 없어서 선배 교복을 물려받았고 제대로 씻지를 못해서 용모가 단정하지 못했다고 이야기했다.

그날 이후 그는 학생들 사이에서도 왕따가 되었다. 그래서 학교에 가면 말로 표현할 수 없을 정도의 소외감에 시달렸고 마침내 그는 학교 정문 앞에서 학교를 들어가지 않고 담벼락을 따라 큰 학교를 혼자 돌았다고 한다. 수업이 마치는 시간까지. 그러면서 그는 죽고 싶다는 생각만 했다.

그런데 그렇게 힘든 시기에도 그를 지켜준 것이 있었다. 그것은 '아버지의 사랑'이었다. 저녁 7시가 되면 어김없이 집으로 퇴근하시는 아버지, 그 어려운 가정환경에서도 매일 하다못해 풀빵이라도 사서 바스락거리며 들어오시는 아버지. 그 아버지 품에 안겨 간식을 받아먹으며 어리광을 부리는 그 순간만을 기다리고 또 기다렸다는 것이다.

나도 회식이 끝나고 귀가할 때는 꼭 아이스크림을 사서 들어가곤 한다. 현이는 아이스크림 귀신이다. 아이스크림을 매우 좋아한다. 한두 번 사서 들어갔더니 아이들이 너무 반가워한다. 하루는 너무 늦은 시간인데다가 지치고 해서 그냥 귀가했는데 잠자러 들어갔던 현이가 현관까지 마중을 나온다. "아이스크림은?" 하고 말하는데, 괜히 미안하고 좋았다. 아이스크림을 더 좋아하는지 나를 더 좋아하는지는 모르겠지만 그 이후로는 밤 12시에 들어가더라도 아이스크림을 반드시 사서 들어간다. 혹시 안 자고 기다리고 있는 아들들을 위해서…. 그리고 이제는 회식을 일찍 끝내고 아들들이 자기 전에 귀가하려고 한다. "아빠!" 하고 외치며 현관까지 달려 나오는 아들들이 나의 피로를 확 풀어주는 것 같다.

"아들들" 하고 부르며 집에 들어가기

힘든 일을 끝내고 집에 들어가는데 가족 중 아무도 나를 반겨주지 않으면 더 힘이 빠질 수 있다. 그렇지만 가족들도 나름 고단한 하루를 보냈을 것이다. 나는 집에 들어갈 때 "아들들!" 하고 부르면서 들어간다. 그러면 아들들이 대답한다. 이렇게 지내다 보니 아들들도 학원을 갔다가 집에 들어올 때는 "엄마, 아빠!" 하고 부르면서 들어온다.

가족이 아빠에게 고마워하고 아빠를 좋아하지만, 아이들과 아내도 피곤할 할 때가 많다. 집에 들어가면서 "아들들!" 하고 불러보면 아들들이 자연스럽게 아빠를 반길 것이다. 힘들어도 항상 집에 들어갈 때는 부르자.

관계를 이어가는 대화

나는 영어 발음이 안 좋다. 조금은 콤플렉스가 있다. 하루는 맥도날드 드라이브 스루에서 주문할 일이 있었다. 아내와 두 아들이 차에 같이 타고 있었다. 내가 주문을 하는데 직원이 잘 못 알아듣는 모양이었다. 3번 정도 말해야 알아듣고 주문을 마칠 수 있었다. 그런데 차 안에서 수가 "아빠 발음이 안 좋아서 그래"라고 말했다. 나도 그 사실을 벌써 부터 알고 있었지만, 아들의 말에 마음이 상했다.

그날 저녁에 수에게 나의 느낌을 솔직히 말해주었다. 아빠도 발음이 안 좋은 걸 알고 있고, 그게 아빠의 콤플렉스라고 말이다. 이런 말을 듣고 나서 수는 "몰랐어, 아빠! 아까 그렇게 말해서 미안해. 못 알아들을 정도는 아니었어, 듣는 사람이 잘 못 들어서 그런 거야" 하고 말한다. 그 말에 나는 약간 서운했던 마음이 봄바람에 눈 녹듯이 사라져버렸다. 이 일이 있고 난 후에는 자신 있게 주문을 한다.

소중한 이른 귀가

법륜 스님이 〈즉문즉설〉에 나와서 한 이야기다. 스님은 어릴 때 집에 큰 유리병에 가득 구슬이 있을 만큼 '구슬치기왕'이었다고 한다. 그런 데 지금은 그 구슬이 어디에 있는지 모르겠다고 한다. 생각해 보면 어 렸을 때 그 구슬들을 따고 나서 친구들과 나누어 가졌으면 더 좋았을 것 같다고 한다. 지금도 소중한 것이 있지만 그 소중한 것을 다루는 데 있어서 '내가 숨을 거둘 때에도 이것이 진짜 소중할까?'를 생각하 면서 살아간다고 한다.

법륜 스님의 특강을 들으면서 문득 지금 가족들과 보내는 시간은 20 년, 30년이 흘러도 소중한 시간임이 분명하다는 생각이 들었다. 나는 골프 연습을 많이 해서 골프 고수가 되었지만, 이제는 골프 연습을 거 의 하지 않는다. 연습하지 않으니 당연히 예전보다는 잘 못치고 스트레스도 받는다. 그렇지만 골프를 계속 잘 치지는 못해도 괜찮을 것 같다. 골프를 계속 잘 치려고 연습을 하는 시간은 20년 후 나에게 소중한 일이 아닐 것이 분명하기 때문이다. 골프 연습을 하는 시간에 아이들과 함께해주고 싶다. 분명한 것은 20년 후 내게는 가족들과 함께했던 시간이 제일 소중하다는 것이다.

우리나라의 보통 아빠들의 로망은 주말에 소파에 누워서 야구 중계나 영화를 보는 것이다. 평일에 바쁘게 살아왔기에 주말에라도 '내 시간을 갖는다'는 목적이 크다. 그렇지만 아이들도 평일에 바쁜 아빠이기 때문에 주말만 기다렸는데 아빠가 피곤해하고 놀아주기를 싫어하면 더는 아빠를 기다리지 않는다. 그래서 날을 잡아서 종일 놀아주고 나면 주말에도 일한 것 같은 생각이 든다.

이런 악순환을 고치기 위해서는 이른 퇴근이 필요하다. 불필요한 저녁 모임은 과감히 쳐낼 필요가 있다. 20년 후에는 그런 모임이 없을 것이 분명하고 그 모임에서 시간과 돈을 허비한 것이 후회스러울 수 있다. 법륜 스님의 말씀처럼 20년 후에 생각했을 때 소중한 일을 하고 있는지 생각하면서 이 모임에 나갈지 아니면 이른 귀가를 해서 아이들과 시간을 보낼지 생각해 보면 답이 나올 것이다. 이른 귀가를 해서 아이들과 놀아주는 일은 현재 가장 소중한 일 중 한 가지임이 분명하다.

강의노트 3

가랑비에 옷 젖는다

❶ 신뢰 쌓기

❷ 추억 쌓기

❸ 서로 달래주기

❹ 고민 들어주기

❺ 사소한 것을 알아주기

❻ 서로의 개성 알기

가랑비를 맞아본 사람은 안다. 비가 내리는 것을 알겠지만 언제 이렇게 젖었나 할 것이다. 아이들과 지내는 것도 비슷하다. 아들들과 같이 지내다 보면 '우리가 이렇게 친해졌구나' 할 것이다. 아이들도 아빠랑 지내다 보면 처음에는 어색하지만, 지금은 편하다고 느낄 것이다. 그리고 아이들이 어색하지 않은 유아 시절부터 노력하는 것이 훨씬 수월하다.

유아 시절에는 아이가 하고 싶은 놀이나 게임 등에 초점을 맞춰야 한다. 초등학교 시절이 되면 아이와 아빠 둘 다 하고 싶은 것에 초점을 맞출 수 있다. 이때부터는 아이들이 가성비 좋은 친구가 될 수 있다.

같은 공간에 함께 있어 주기

아주 오래된 친구가 연인으로 발전하는 경우가 많다. 이성 관계이기 때문에 그럴 수 있다. 그렇지만 자세히 들여다보면 그 친구 사이에는 공통점이 있다. 그것은 사소한 일 같은 많은 일상을 함께 보냈다는 것이다. 그냥 이성적인 끌림 없이 순수한 친구처럼. 이런 일상을 함께 하면서 자연스럽게 서로에게 젖어 들어간 것이다. 그리고 그런 일상을 함께 하면서 친구의 사소한 것까지 알게 되었고 나중에는 이 사소한 것이 서로 친밀감을 더하는 무기가 된 것이다.

아이들과의 관계도 이와 비슷하다. 일이 바쁜 아빠들은 누구나 아들들에게 미안한 마음을 가지고 있다. 자주 못 놀아준다고 생각을 한다. 그래서 시간이 나는 날에는 놀이동산에 가서 아주 열심히 놀아주려고 한다. 그러다 보면 아빠는 그날 녹초가 된다. 그래도 '아들들하고 오늘 많이 놀아줬구나' 하는 뿌듯한 마음이 든다.

하지만 아이들에게 아빠는 '바쁜 사람'으로 기억되는 경우가 많다. 놀이동산에서 놀아주는 것은 그냥 지나가는 행사일 뿐이다. 아이들과 지내면서 중요한 것은 1분이라도 같이 있어 주는 것이다. 매일 최소 5분에서 10분 정도를 온전히 아이들에게 투자하면 1년이 지나면 3,650분이 된다. 시간으로 따지면 152시간이나 된다. 아주 많은 시간이다.

아빠들은 아이들과 지치도록 놀아줘야 한다는 압박을 받고 있다. '나는 바쁜 아빠이니까 이럴 때라도 아이들이 즐겁도록 놀아줘야겠다'라고 생각하면서 온 힘을 기울여 놀아준다. 그렇지만 아이들이 원하는 것은 그냥 자기 옆에서 있어 주는 것이다.

내가 아들들과 친해지고 아들들이 잘 놀아주는 아빠라고 생각하게 된 것은 많은 시간을 아들들과 보냈기 때문이라기보다는 아들들의 일상에 내가 있었기 때문이다. 그 사소하지만 중요한 일상을 같이 했기 때문이다.

아이들과 친해지는 방법은 아주 사소한 것부터 시작하는 것이다. 나는 아들들과 친해지기 위해서 아들들 사이에서 같이 자기, 같은 드라마 보기, 아들들 좋아하는 만화 같이 보기, 삼국지 만화책 같이 읽기, 같이 등산하기, 같이 여행 가기, 걸어서 3분 거리지만 같이 걸어서 아들 학원에 바래다주기, 학원에서 데려오기, 주말에 테니스 탁구 함께 치기 등으로 아들과 보내는 시간을 최대한 늘리려고 한다. 이것이 아이들에게 어떤 영향을 줄지는 모르지만, 그래도 아들들과 친해지고 더 많은 추억을 쌓으려고 의식적으로 노력하는 것이다.

엄마는 아들이 힘들어할 때 따뜻하게 안아주고 손을 잡아주고 평상시에 대화를 많이 하면서 친밀도를 늘리고 돈독하게 지낸다. 그렇지만 아빠는 아들의 마음을 속속들이 헤아려주거나 직접 말로 표현하기보다는 행동으로 서로를 알아간다.

아빠는 아이들에게 특별한 공간에서 기억에 남을 특별한 일을 해야 한다고 생각할 때가 많다. 그렇지만 아이들이 아빠의 애정을 느끼는 것은 같은 공간에 함께 있어 줄 때다. 그것이 좋은 기억으로 채워지게 된다.

나도 아버지와 어릴 적 기억 중에서 오토바이가 고장이 나 언덕 위에서 함께 내려가면서 시동을 걸었던 기억이 또렷하다. 지금 생각해 보면 아버지는 고장 난 오토바이 때문에 짜증이 날 수 있는 상황이었지만 나는 그때 기억이 좋은 추억이 된 것이다.

너무나 일상적이고 평범한 활동이라도 아빠와 아들이 같이 한다면 그 자체만으로도 가슴 속까지 훈훈해지는 정과 충만감을 느낄 수 있다. 아빠와 아들이 낚시를 갔는데 3시간이 넘도록 한 마리도 잡지 못하고 돌아왔지만, 아들에게는 그 일 자체가 추억으로 남게 된다. 남들이 보기에 아주 소소하고 단순한 일이라도 얼마든지 둘만이 공유하는 의식이 될 수 있고, 아버지와 아들 사이의 유대감을 키워주는 든든한 토대가 될 수 있다.

놀아주는 일은 고되지만 그래도 해야 하는 가장 중요한 일

아빠들이 가장 잘못 생각하는 것 중 하나는 '아들이 커가면서 그래도 나를 좋아하고 따르겠지' 하는 생각이다. 그러나 아들은 아빠와 추억을 쌓지 않으면 아빠를 좋아할 수가 없다. 드라마에서 이런 대사가 있다. "아빠하고 쌓은 추억이 있어야 할 얘기가 있지."

그냥 같이 있는 게 아니라 같이 있으면서 뭔가를 공유해야 한다. 아들들과 같이 그것을 즐기는 게 아니라 구성원의 한 사람으로서 그 공간에서 같이 뭔가를 해야 한다. 그래야 아들들이 그 시간에 아빠를 친구처럼 생각할 수 있다.

귀찮을 때도 있다. 나는 나가기 싫은데 친구들이 "축구 하자" 하며 부를 때가 있다. 나가기 싫어도 친구가 담에 안 놀아 줄 수 있다는 생각에서 나간다. 아빠도 마찬가지이다.

아들들이 같이하자는데 피곤하다고 같이하지 않으면 아빠를 더는 찾지 않을 수 있다.

편한 아빠 되어가기

진정한 친구가 되려면 먼저 나를 내어주어야 한다. 내가 잘못하거나 실수하거나 내가 힘들어하는 모습을 아들들에게 보여주어야 한다. 나도 영어 발음이 안 좋아서 항상 콤플렉스가 있다. 그런데 이런 말을 아들들에게 솔직하게 해줘야 한다. 그러면 아들들도 아빠가 저 위에 있는 사람이 아니라 나와 비슷한 사람이라고 생각하게 되고 다가서기가 좀 더 편하게 된다. 아버지는 강해야 한다고 생각하지 않아도 된다. 아버지는 편해야 한다. 강하다고 하면 아들들이 쉽게 다가가기가 힘들어진다. 그리고 아버지 자신도 힘들어진다. 모든 일에 완벽하지 않아도 된다. 실수해도 웃어넘기는 편한 아버지가 되어야 한다. 아이들 앞에서 실수도 하고 그 실수를 웃으면서 인정하는 아빠가 되어야 한다. 그러면 아이들도 실수했을 때 웃으면서 아빠를 쳐다볼 수 있다.

아빠로서는 재미가 없는 것도 같이해줘야 아들과 친구가 된다. 가령 보드게임 같은 것은 처음에는 너무 재미가 없다. 거의 노동에 가깝다. 그렇지만 아들과 함께 그 속에 들어가서 경쟁을 하다 보면 재미있어지고 어느 순간 보드게임에 빠지게 된다.

가랑비가 내릴 때는 책이나 가방으로 몸을 가리며 가지 않는다. 그냥 맞으면서 간다. 그렇듯이 우리도 아들들과 지낼 때 온몸으로 같이 있어 줘야 한다. 몸과 마음이 온전히 그 속에 있어야 한다. 그래야 옷이 젖는다. 그리고 지속해서 같이 있어 줘야 한다. 한두 번 같이 있었다고 추억이 생기지는 않는다. 큰 사건이 있어야 추억이 생기는 것도 아니다.

"내가 낳은 아들이지만 참 어렵다." "내 자식이지만 정말 모르겠다." 이런 말들을 많이 한다. 맞다. 내가 낳은 자식이지만 참 모르는 존재들이다. 그렇기에 자식을 알아가는 과정이 필요하다. 그러려면 아이들이 어릴 때 부터 친해지기 위한 노력을 기울여야 한다. 그러면 아빠도 아들을 알아갈 수 있고 아이들도 아빠를 알아갈 수 있다.

나는 아들들이 자라는 모습을 다 봐왔으므로 아들들이 무엇을 좋아하고 성격이 어떤지를 조금은 알 수 있다. 그렇지만 아들들은 나를 어릴 때부터 봐온 게 아니므로 나를 다 파악하기가 힘들다. 그리고 내가 마음 아파하는 이유를 알 수 없다. 아들들 앞에서는 그런 것들을 숨기기 때문이다. 내가 잘못한 일, 창피한 일은 다 숨기면서 아들들에게 알아주기를 기대해서는 결코 안 된다.

아이들이 어려운 일이 닥쳤을 때 그 과정을 이겨내는 힘은 자존감에서 나온다. 이런 자존감은 부모와의 애착 관계에서 형성된다. 애착이란 '삶에서 특별한 사람에게 느끼는 강한 결속감'을 뜻한다. 애착 관계는 가랑비에 옷 젖는 것처럼 천천히 그리고 자기도 모르게 형성이 된다.

아주 사소한 집안일, 또는 주말에 음식 만들기 같은 일을 같이 해보자. 함께하는 작은 활동을 통해 서먹서먹한 사이가 돈독해질 수 있다. 단순한 일을 '의식'처럼 공유하라. 단순한 일을 공유하는 아빠와 아이의 친밀한 관계는 사춘기 시절의 정서적 고립감과 파도처럼 밀려오는 정서적 흔들림을 해결해줄 수 있다.

지금 이 글을 보고 있다면 바로 시작하자, 아이 옆에 가는 것을 말이다. 아이가 저녁에 학원 가는 길을 같이 가보자. 그 길이 비록 1분밖에 걸리지 않는 짧은 길이라도 같이 가보자. 오히려 짧은 길이라서 손을 잡고 가도 어색하지 않다. 그리고 아이들이 좋아하는 사소한 것들은 기록해 두자. 어렵지 않다.

"치킨텐더 소스는 케이준 소스로 주세요."

66

아이와 상담하는 것은 아이가 하겠다는 그대로를 해주는 것이 아니다.
아이의 말을 진지하게 귀 기울여 들어준다는 것이다. 그러려면 부모에게는
인내와 끈기가 필요하다. 잘못을 놓고 대화하려면 왜 그런 행동을 했는지
끈기 있게 들어봐야 한다. 그리고 아이들이 말도 안 되는 이야기를 하고,
그것이 옳다고 주장하더라도 이야기 중간에 혼내거나 끊지 말고
인내하며 들어줘야 한다.

99

chapter 04

아들 마음을 헤아려라

4-1

물어보지 않은 죄

중학교 1학년에 입학한 수가 학교생활을 어떻게 하는지 우리 부부는 매우 궁금했다. 어느 날 친구 엄마로부터 이런 얘기를 들었다. 수가 수업시간에 다른 책을 본다는 것이다. 나는 이 이야기를 듣고 매우 화가 났다. 어이가 없었다. 당연히 수업 시간에 집중해야지. 그건 선생님에 대한 예의가 아니기에 반드시 알려줘서 아이의 잘못을 일깨워줘야겠다고 생각했다.

그리고 그날 저녁 식사를 하러 가는 차 안에서 큰 소리로 아들을 다그쳤다. 그러고는 썰렁한 분위기로 외식을 마쳤다. 집에 오는 길에도 나름 차분하게 수업시간에는 책을 읽으면 안 된다고 했다. 나름 잘 마무리 지었다고 여겼다.

그 후 정혜신 박사의《당신이 옳다》라는 책을 읽게 되었다.

하루는 아이 담임에게서 전화가 왔다. 우리 아이가 친구를 때렸다는 것이다. 좀 엄하게 이야기를 해야 할 상황이라고 생각하고 아이와 마주 앉았다. "내가 때리기는 했다. 그치만 친구가 먼저 말로 나에게 시비를 걸었던 거다. 선생님이 야단치셔서 내가 잘못한 것을 안다"며 "죄송해요, 엄마"라고 한다.

아이가 학교에서 어느 정도 끝나서 왔다고 생각해 "그래, 어찌 됐든 먼저 폭력을 쓴 건 잘못이야, 그걸 알았으니 됐어, 다음에는 그러지 말자"라고 했다. 그랬더니 아이가 서럽게 울면서 말한다.

"엄마는 그러면 안 되지, 내가 왜 그랬는지 물어봐야지. 선생님도 혼내기만 해서 얼마나 속상했는데, 엄마는 나를 위로해줘야지. 그 애가 먼저 시비를 걸어서 내가 얼마나 참다가 때렸는데, 엄마도 나보고 잘못했다고 하면 안 되지."

나는 아이가 얼마나 속상했는지 왜 때렸는지 그런 이유를 묻지도 않고 왜 그랬냐고 따져 물었던 실수를 했던 것이다. 겉으로 보기에 정리된 문제가 속마음까지 정리된 게 아니라는 것을 깨달았다.

이 사례를 소개하면서 정혜신 박사는 이렇게 말한다.

"친구를 때린 행동에 동의하지 않더라도 그때 아이의 마음을 알면 마음에는 금방 공감할 수 있다고 한다. 그것이 공감이다. 자기 마음이 공감을 받으면 아이는 자기의 잘못된 행동에 대해 누가 말하지 않아도 빠르게 인정한다. 엄마와 아이의 관계에 어떤 불편함이나 부작용을 남기지 않은 채(오히려 더 깊고 신뢰하는 관계가 된다) 아이는 모든 상황을 흔쾌히 수긍한다."

갑자기 반성이 밀려왔다.
"아이고, 내가 잘못했구나. 이 책을 먼저 읽었다면 그때 더 현명하게 대처했을텐데." 후회가 밀려왔다. 먼저 아들에게 사과해야겠다고 마음먹었다. 집에 와서 그때 아빠가 먼저 네 이야기를 들어보지도 않고 마구 화를 내서 대단히 미안하다고 사과했다. 그다음에 왜 그랬는지 물어보았다.

아들은 한마디로 책이 너무 재미있어서 그랬단다. 선생님을 무시해서도 아니고 수업 내용이 다 아는 것이어서 그런 것도 아니라고 했다. 다만 쉬는 시간에 읽던 책이 너무 재미있어서 그랬다고 한다. 이 이야기를 듣고 아내랑 나는 "우리가 느낄 수 없는 감정이었구나"라고 이야기를 했다. 아들의 마음 생각을 들어보지도 않고, 내 생각으로 판단을 내린 것이다. 그래도 뒤늦게나마 아들의 마음을 알게 되었고, 그때의 행동도 사과를 할 수 있어서 참 다행이었다.

아들 얘기 경청부터 하기

책 읽기를 좋아하는 수는 집에서도 식사 시간에 책을 읽는 경우가 많았다. 학교 급식 시간에도 밥을 먹으면서 책을 읽은 모양이다. 밥 먹으면서 책 읽는 아이로 소문이 나서 옆집에 사는 학교 친구 어머니가 아내에게 얘기해주었다.

나는 일단 너무 튀는 행동이어서 단체 생활을 하는 데 걱정이 되었고, 수의 행동을 반드시 바꿔야겠다고 생각했다. 그렇지만 먼저 아들의 얘기를 들어보기로 했다.

수의 생각은 '일단 밥만 먹는 시간은 아깝다, 책을 읽는 것은 내 자유다!'였다.

이에 나는 다음과 같이 설명해주었다.

너의 의견은 좋은 생각이다. 그러나 친구들이 그것을 올바르게 받아들이기에는 아직 나이가 어린 것 같다. 그리고 지금은 소통이 중요한 시기다. 친구들과 밥을 먹고 같이 생활하는 것은 소통의 중요한 배움이라고 생각한다. 그러자 아들은 그럼 좀 더 성숙해질 때까지 안 그러겠다고 말했다.

이렇듯 꼭 바꿔야 하는 것이라도 먼저 아이의 의견을 들어봐야 한다. 무조건 반박하기보다는 아이의 의견에 동의해주고 나서 아빠의 의견을 말하는 것이 긍정적 결정을 위한 도움이 된다. 아이가 "그럼 아빠는 어떻게 했으면 좋겠어?"라고 질문을 할 때까지 천천히 의견을 주고받으면 좋다.

아이와 상담하는 것은 아이가 하겠다는 그대로를 해주는 것이 아니다. 아이의 말을 진지하게 귀 기울여 들어준다는 것이다. 그러려면 부모에게는 인내와 끈기가 필요하다. 잘못을 놓고 대화하려면 왜 그런 행동을 했는지 끈기 있게 들어봐야 한다. 그리고 아이들이 말도 안 되는 이야기를 하고, 그것이 옳다고 주장을 하더라도 이야기 중간에 혼내거나 끊지 말고 인내를 가지고 들어줘야 한다.

환자의 통증을 치료할 때 아프다는 이야기를 충분히 들어주기만 해도 절반은 낫는다고 한다. 이렇듯 아이들의 이야기를 들어주기만 해도 아이들이 스스로 자기 잘못을 알아가고 반성할 수 있다. 그리고 이야기를 다 들은 후에는 아이가 무슨 잘못을 했는지 부모가 판단하기보다는 자신의 경험에 비추어 봤을 때 이렇게 생각한다는 조언을 얘기해 주는 것이 필요하다.

앞으로 이렇게 하라는 식의 결론을 아이에게 말하지는 말자. 판단은 대화를 끝낸 아이들이 하는 것이다.

자녀와 의견을 조율할 때 다음과 같은 방법으로 해보자

❶ 사건에 대해 자녀의 의견 물어보기

❷ 공감해주기

❸ 아빠의 의견 말해주기

❹ 의견 교환하기

❺ "아빠는 그럼 어떻게 했으면 좋겠어?"라는 비슷한 질문이 나올 때까지 기

    다려주기

❻ 아빠의 해결책 말해주기

❼ 아들의 해결책을 들어주고 그것에 대해 응원해주기

아빠, 왜 때려

나의 아버지는 어려서부터 절에서 자란 스님이다. 아들들과 어린아이들을 무척 아끼고 같이 놀아주는 다정한 분이시다. 이런 아버지 밑에서 자란 나는 잘못을 해도 아버지에게 매를 맞은 기억이 없다. 딱 한번 초등학교 3학년 때 동네에서 질이 안 좋다는 형을 따라서 종일 돌아다닌 적이 있다. 집에 들어와 보니 아버지가 그 사실을 알고 많이 화가 나 계셨는데, 회초리로 10대 정도 맞은 기억이 있다. 그 이후로 아버지는 나를 때리지 않았고, 나도 그 형을 만나지 않았다. 이렇게 어릴 때 부모님께 맞은 기억이 거의 없다.

나는 수와 현이 태어난 뒤 크게 잘못한 일이 있으면 비로소 꿀밤을 때리거나 회초리를 들었다. 현이 여섯 살 때 나랑 장난을 치고 있었다. 그런데 장난이 과해지자 현이 나에게 큰소리를 치는 게 아닌가. 나는 화가 나서 꿀밤을 때렸다.

그랬더니 "아빠, 왜 때려? 내가 큰소리 치는 게 무슨 잘못이야? 그리고 말로 하면 되는데, 조용히 말하라고 하면 되지 왜 때려?" 눈물을 흘리면서 이렇게 긴 내용을 한번에 말하는 게 아닌가. 그때 나는 머리에 돌을 맞은 사람처럼 멍해 버렸다.

'내가 왜 아들을 때린 거지? 헉, 아들 말이 맞네….'

그리고 그 순간이 지나서 나는 아이에게 사과를 했다. 아빠가 잘못했노라고. 앞으로는 절대 때리는 일이 없을 것이라고 다짐했다.

아들들을 때리지 않은 지 현재 7년 정도가 지났다. 아들들이 큰 잘못을 했을 때는 조금 숨을 돌리고, 대화를 통해 해결하려 노력하고 있다. 회초리를 드는 길이 빠른 길이라고 생각할 수 있지만 조금은 힘들고 먼 길이라도 아들들 눈높이에서 바라보고, 즉각적인 설득이 안 되면 시간이 좀 더 걸리더라도 대화를 자주 하려고 한다.

요즘은 체벌을 할 수 없어 교권이 떨어진다는 얘기, 내 자식 내가 때리는데 무슨 상관이냐는 주장들이 많이 나온다. 우리가 과연 자식을 때리는 것이 습관이 되어 그런 건 아닌지 생각하고 반성해야 한다.

체벌은 노!노!노!

의사인 나도 요새 고지혈증 수치가 높아 다시 헬스장을 다니고 있다. 헬스장에서 만난 나보다 세 살 적은 대표는 나의 운동 선생님이다. 친해져서 공통 관심사인 골프 얘기를 자주 한다. 골프가 너무 재미있어 골프 생각만 하는 골프광이기도 하다. 대표의 아버지가 골프 연습장을 운영하는 관계로, 아들을 어릴 때부터 골프 선수로 키우려고 했다. 하지만 그때는 골프를 배운 기억보다는 코치에게 맞은 기억이 더 많았다고 한다. 고등학교 때 골프로 진학하기 싫어 골프 연습 시간에 도망을 다녔다고 한다. 그때 만약 코치가 때리지 않고 골프를 재미있고 즐겁게 가르쳐주었다면 골프 선수가 되었을 수도 있지 않았을까. 빠른 방법으로 생각되는 체벌이 오히려 그 일에 대한 흥미를 떨어뜨려 유망한 선수 한 명을 잃은 것은 아닐까.

아들을 기르는 부모, 남자아이를 가르치는 교사라면, 누구나 읽어야 할 교육 지침서라는 부제가 붙은 책《아들 심리학》에는 때리는 것, 즉 힘을 쓰는 방법은 소년들의 태도와 행동들을 형성하는 정서적 요소를 무시하는 처사라고 나와 있다. 그렇게 하면 부모와 자식 간의 친밀한 관계 형성은 물 건너가 버린다. 폭력적인 태도는 오랫동안 지워지지 않는 정서적 상처를 남기며 문제를 더 키우지만, 반대로 진실한 가르침과 감정이입에 바탕을 둔 훈육 방침은 '문제아'로 낙인찍혔던 소년들에게조차 용기와 의욕을 불러일으켜 주고 영감을 불어넣어 줄 수 있다고 한다. 혹독한 체벌을 가할 때, 소년들에게서 스스로 자기 행동을 반성하거나 더 나은 방식을 배울 기회를 빼앗는 것이라는 말에 나는 전적으로 동의한다.

부모나 교사는 왜 체벌을 할까. 얼핏 생각하면 쉽고 효과가 빠르다고 판단해서일 수 있다. 그러나 더 깊이 내려가 보면 아이들을 동등한 인격체로 보지 않기 때문이다. 동등한 인격체로 생각하는 친구나 동료들을 체벌하는 사람은 없다. 아이들도 동등한 인격체로 대한다면 결코 때리는 행위는 하지 못할 것이다.

A. 아빠가 참을성이 없네!

쓰고 있는 글을 아들 둘을 키우고 있는 친구에게 보여주면서 조언을 구했다. 친구는 며칠 후에 다음과 같은 문자를 보내왔다.

"네 원고를 읽고 애들을 절대 때리지 않겠다고 결심했다. 그런데 둘째가 너무 버릇없이 말하는 탓에 결국 등짝을 때렸어. 첫째는 때린 적이 거의 없었는데, 둘째한테는 그렇지 않았어. 애한테 스트레스를 푸는 것 같아 괴롭다."

이 문자를 받은 나는 마음이 아팠다. 그 친구는 '표준'이라고 해도 괜찮은 만큼 성실한 친구다. 항상 바르게 생활하는 절친이다. 나는 이 친구가 진짜 아이에게 스트레스를 푼다고는 생각지 않는다. 다만, 아들들을 더 쉽고 친하게 키우는 방법을 아직 찾지 못했으리라 본다. 나는 즉각 친구에게 다음과 같은 문자를 보냈다.

"훗날 둘째가 맞은 기억을 더 많이 할 수 있어. 지금부터라도 반성한다고 솔직하게 사과하고 나처럼 벽에 적어! 또 때리거나 벌을 주거나 화를 내면 스마트폰 4시간 하게 해주겠다고 말이야."

부모들은 대부분 아이가 잘못했을 경우 어떻게 그걸 참느냐고 한다. 그런데 반대로 생각해 보면 아이들은 부모가 잘못했을 때는 항상 참고 있다.

이 글을 두 아들에게 보여주었다. 보고 나서 수가 "아빠가 참을성이 없네!" 이런다. 나는 이 말을 듣고 '아이들도 부모가 잘못했을 때 참고 있구나' 하고 생각했다. 그렇다! 아이들은 생각이 없을 것이라고 여긴다면 착각이다. 아이들도 그 나이에 걸맞은 생각을 다 하고 있다. 아이들도 어른들의 잘못을 보고 참는 것이다.

B. 둘째가 달라졌어

6개월 정도 지나 회식 자리에서 그 친구와 반갑게 만났다. 요즘 아들들 어떠냐고 근황을 물었더니 뜻밖의 대답이 돌아왔다.

둘째가 애교가 많아지고 성적이 크게 올랐다는 것이다. 아들들에게 절대로 때리지 않겠다고 약속하고는 벌도 주지 않고 화도 내지 않았더니 생겨난 변화란다.

그리고 보상으로 게임을 하게 해주는 약속은 아직 하지 못했지만, 아들들에게 학원 시험에서 100점을 맞으면 프랑스 요리를 먹으러 가자고 했더니 아들들이 100점을 맞았다고 한다. 체벌 없이 아들들의 성적이 오른 것이다. 그러면서 이 친구는 "자주 100점을 맞아서 돈이 너무 많이 든다"며 활짝 웃는 것이었다.

친구 이야기를 듣고는 내 일처럼 좋았다. '내 글이 효과가 있구나' 하는 성취감에서가 아니라 친구가 아들들에게 더 좋은 아빠가 되어가고 있는 것 같아서였다.

아빠들도 노력하면 바꿀 수 있다. 그리고 노력을 해서 아이들이 변화를 보이면 아빠는 그 변화의 힘으로 더 노력하는 것이다. 이렇듯 처음에는 양육이 힘들지만, 변화를 느끼고 즐거움을 느끼고 행복을 느낀 후에는 힘들었던 노력이 즐거움으로 확 바뀔 것이다.

자존심을 지켜주자

나는 아들들이 초등학교에 입학하면서부터 절대로 체벌하지 않겠다는 약속을 지금도 지키고 있다. 그렇지만 벌은 주고 야단도 쳤다. 그게 체벌하는 것보다 상처를 주지 않으리라 생각했기 때문이다.

하루는 현이가 문화상품권 1만 원권을 찾고 있었다. 책상 위에 놓아둔 문화상품권이 어디론가 없어졌다는 것이었다. 1시간 동안 찾다가 포기하고, 형이 오기를 기다렸다. 수에게 물어봤더니 모른다고 딱 잡아떼는 것이 아닌가. 현이 다그치자 조금 전에 책상 위에 있던 것을 자기가 숨겼다고 하는 것이었다. 나는 수에게 왜 그랬느냐고 물었더니 동생을 놀려주려 했다면서 미안하다고 사과를 했다. 하지만 현은 계속 울면서 사과하면 다 되는 거냐고 했고, 수는 아까 미안하다고 했으니 된 거 아니냐는 식으로 말하는 것이었다.

그 모습을 보니 화가 났다. 나는 수에게 무릎 꿇고 손들라고 하면서

"네가 잘못한 거야"라고 큰 소리로 말했다. 수는 억울하다는 얼굴로 나를 계속 쳐다보면서 벌을 받았다.

벌은 2분 정도였다. 잠시 후 아내와 얘기를 나눴다. "내가 좀 심했지?" 하고 물으니, 아내는 "아이를 혼내더라도 자존심을 상하게 하지는 말아야 할 것 같아요"라고 했다. 그 순간 나는 깨달았다. 아무리 큰 잘못을 저지르더라도 큰 벌을 주는 것은 아니라고. 자숙하는 마음으로 수에게 아까 아빠가 과하게 야단쳐서 미안하다고 했다. 곧 중학생이 될 수에게 벌을 주는 것은 자존심을 상하게 할 수도 있을 것 같았다.

문화상품권을 숨기는 일이 잘못이기는 하지만, 그 행동에 큰 벌을 주는 것이 능사는 아니다. 아이들을 야단칠 때도 자존심은 상하게 하지 말아야 한다. 꾸짖더라도 수치심을 주는 말이나 인격을 깎아내리는 말은 해서는 안 된다.

부모들은 때리는 것, 벌주는 것, 야단치는 것 순으로 아이들에게 상처를 준다고 생각한다. 그러나 노르웨이의 한 연구기관에서 발표한 연구 결과를 보면 "육체적 폭력보다 심리적 폭력이 더 해롭다"고 나와 있다. 어른이 되어 보니 맞았던 기억, 벌을 받았던 기억보다 야단을 들었던 기억이 더 큰 상처가 되었다는 것이다.

아들들이 인격적, 정신적으로 성숙해지면서 벌주는 행동이나 야단치는 행동은 아들들의 자존심에 상처를 주는 행동임을 깨닫고는 벽에 각서를 써 붙였다. 앞으로는 야단치거나 벌을 주면 컴퓨터를 3시간 하게 해주겠다고.

때리는 것, 벌주는 것, 야단치는 것은 똑같이 아들들에게 상처를 주는 행위임을 명심하자.

집에서 나가라?

한번은 지인들과 저녁 약속이 있어 식당에 갔는데 한 명이 늦게 왔다. 큰아들이 무슨 일을 저질렀는데 아내 혼자서는 도저히 조율할 수 없어 집에 다녀오느라 늦었다고 한다. 그 지인은 아들에게 "다시 한번 그런 일이 있으면 집에서 나가라"고 호통을 쳤다고 한다. 나는 그의 말을 조용히 듣고 있다가 식사를 마치고 난 후에 조심스럽게 얘기를 꺼냈다.

부부 사이에서도 '우리 이혼하자'라는 말은 절대로 꺼내지 말아야 한다. 아이들에게 집을 나가라는 얘기는 진짜 큰 상처가 될 수 있고, 아이들은 홧김에 집을 나갈 수도 있다. 아들에게 진짜로 화가 나서, 다시는 그런 일이 있어서는 안 된다고 해도 집 나가라는 말은 하지 말아야 한다. 나는 이렇게 얘기하고 나서 한마디를 더 덧붙였다.

"집은 아이들에게 마지막까지 의지할 곳이니까요!"

그 지인은 자녀가 4명이라 교육관이 뚜렷했다. 내 얘기를 듣고는 집에서 나가라는 말만큼은 하지 말아야겠다고, 집에 가서 아들에게 사과해야겠다고 했다.

비록 화가 나서 '집에서 나가'라고 말했다곤 하더라도, 진짜 자식이 집을 나가기를 바라고 그래서 집 나간 자식을 찾지 않을 부모가 과연 얼마나 될까? 목에 칼이 들어와도 결코 하지 말아야 할 말은 "집에서 나가라"다.

집이라는 것은 가족이다. 가족은 오로지 내 편이 되어줄 수 있는 사람들로 이루어진다. 밖에서 집에 들어오기 힘든 만큼 잘못을 하거나 방황하고 있는 아이들을 위해 아래 글을 소개한다. 정신과 의사 정혜신 박사가 쓴 《당신이 옳다》의 일부분이다.

> 가장 절박하고 힘에 부치는 순간 사람에게 필요한 건 '네가 그랬다면 뭔가 이유가 있었을 것이다', '너는 옳다'는 자기 존재 자체에 대한 수용이다. 존재에 대한 이 수용을 건너뛴 객관적인 조언이나 도움은 산소 공급조차 제대로 받지 못하는 사람에게 요리를 주는 일처럼 불필요하고 무의미하다. 아들들이 밖에서 힘들고 속상한 일을 우리에게 말한다면 그것은 조언을 얻기 위해서가 아니라 정서적인 내 편이 필요해서다. 그래서 부모는, 나는 언제든 우선적으로 그 마음을 인정한다. 그런

마음이 들 때는 그럴 만한 이유가 있었을 거라고. 그러니 아들 마음이 옳다고. 다른 말은 모두 그 말 이후에 해야 마땅하다. '네가 옳다'는 확인을 받으면 '집을 나가겠다', '죽겠다', '죽이겠다' 따위의 말들은 이내 아침 이슬이 된다. "네가 옳다." "아들이 옳다." 온 체중을 실은 이 짧은 문장만큼 아들들에게 큰 힘이 되어주는 말은 세상에 또 없다. 그것은 확실한 '내 편 인증'인 것이다.

토론에서 져주기

나는 아들들과 의견이 다를 경우 토론을 자주 하는 편이다. 서로 잘못할 때는 잘못을 지적하기보다는 토론을 통해 해결하려고 한다. 부모들은 대부분 먼저 살아온 인생 경험을 바탕으로 자기 생각이 아이의 생각보다 옳다고 믿는다. 때문에 시간이 오래 걸려도 화를 내지 않고 차근차근 설득하려고 한다. 하지만 나는 논쟁이 될 수 있는 토론에서는 자주 져주려고 한다.

'9시까지 홍삼, 철분제, 어린이홍삼 먹기'라는 약속이 있다. 나는 9시까지 홍삼 알약 2개를 먹어야 한다. 아내는 빈혈이 있어 철분제를 먹는다. 수와 현은 어린이홍삼을 먹고 있다. 그래서 9시까지 서로 지키지 않으면 스마트폰 10분 더하도록 해주거나 주말에 스마트폰 10분 적게 하도록 한다.

하루는 9시가 넘어 회식하고 있는데 수에게서 전화가 왔다. "아빠, 홍삼 안 먹었지?"하는 게 아닌가. 밖에서 회식하고 있어 못 먹지 않느냐고 했다. 그 일이 있은 지 이틀이 지나서 수와 그 얘기를 주제로 토론했다. 아빠가 집에 없을 때는 그 약속은 해당하지 않는 게 아니냐고 했지만, 아들은 그런 조건은 없었다고 한다. 토론 아닌 논쟁이 될 수도 있었지만 알았다고 네 말이 맞다고 해주었다.

그런 토론이 있고 나서 아들은 내가 9시가 넘어서 들어와도 홍삼 때문에 스마트폰 10분을 더하지는 않는다. 충분한 토론을 거친 후에 합의점에 도출되지 않으면 부모가 져주는 것도 필요하다. 토론 과정에서 충분히 의견은 전달했기에 결론은 반드시 낼 필요가 없다. 가끔은 져주자.

❶ 져주어도 말도 안 되는 것은 금방 깨닫는다.

❷ 다음 토론에도 적극적으로 자기의 의견을 얘기한다.

❸ 말도 안 되는 주제를 가지고 다음에 토론을 청해올 수 있다.

  (가령 학교 안 다닐래!)

세계적인 베스트셀러 작가 데일 카네기는 저서 《인간관계론》에서 타인과의 논쟁에 대해 다음과 같이 서술하고 있다.

논쟁을 피하라

어느 날 저녁, 나는 어떤 연회에 참석했는데 식사 도중 내 곁에 앉아 있던 사람이 "인간이 아무리 일을 벌여놓아도 최종적인 결정을 내리는 것은 신의 뜻이다"라는 말이 성경에 있는 문구라며 익살스럽게 이야기를 했다. 사실 그 문구는 셰익스피어 작품에 나오는 말이었고 나는 자존심을 세우고 잘난 체하기 위해 그의 잘못을 지적했다. 하지만 그는 그럴 리가 없다며 그 말은 성경에 나오는 말이라고 주장했다.

그 자리에는 나의 오랜 친구인 프랭크 가몬드가 있었는데, 그는 오랜 세월 셰익스피어를 연구해왔기 때문에 우리는 그의 의견을 듣기로 했다. 그는 가만히 듣고 있더니 식탁 아래로 나를 쿡 치면서 "이봐, 데일, 자네가 틀렸네. 저 신사분의 말씀이 옳아. 그건 성경에 나오는 말일세"라고 했다. 그날 밤 집으로 돌아오면서 나는 그 친구에게 "프랭크, 자네는 그 인용문이 셰익스피어에 나오는 말임을 잘 알고 있지 않은가?" 하고 반문했다.

"물론 알고 있지. 하지만 데일, 우리는 그 즐거운 모임의 손님이었잖나. 자네는 왜 그 사람이 틀렸다는 것을 증명하려 들지? 그렇게 하면 그가 자네를 좋아하겠나? 왜 그 사람 체면을 세워주지 않나? 그는 자네의 의견을 묻지 않았네. 원하지도 않았단 말일세. 그런데 왜 그 사람과 논쟁을 하려 하는가? 사회생활을 하려면 항상 원만하게 처신해야 하네."

그 친구는 나에게 결코 잊을 수 없는 교훈을 가르쳐 주었다. 나는 재담꾼을 곤란하게 만들었을 뿐만 아니라 친구까지 당황스럽게 만들었던 것이다. 논쟁하는 습관을 갖고 있던 내게 그 일은 정말 중요한 교훈이었다.

그래도 새치기는 안 되지

아들들과 뷔페식당을 갔다. 나는 미리 맡아 놓은 자리에서 옷 정리를 하느라 수와 현이 먼저 인기 있는 음식들이 있는 곳에 줄을 서 있었다. 그 뒤에 어른 두 명이 있었다. 나는 아들들과 함께 기다리려고 수와 현 곁으로 갔다. 그런데 아들들이 갑자기 아빠 왜 새치기하느냐며 핀잔을 주는 게 아닌가. 나는 조금 민망해져서 "너희들과 함께 있으려고 한 건데 너무한 거 아니야?"라고 했다. 그러고는 식사 중에 아들들에게 너무 정이 없다며 서운하다고 했다. 아들들은 "그래도 아빠, 새치기는 안 되지" 하는 것이었다.

며칠 후 김난도 교수의 《트렌드 코리아》란 책을 읽다 보니 당시 아들들이 어떤 생각으로 그런 말을 했는지 이해할 수 있었다. 책에는 이렇게 쓰여 있었다.

"줄 중간에 아는 친구를 만나 뒷사람의 양해를 구하고 그 친구와 함께 중간에 서는 일도 학생들에게는 있을 수 없는 일이다. 요즘 젊은이들은 '새치기'에 극도로 민감하다."

나는 양해를 구하지도 않고 새치기했으니 아이들이 보기에 '매너 없는 아빠'로 비쳤을 수도 있겠다 싶었다. 그렇다! 우리 부모 역시 요즘 젊은이들이나 학생들이 어떤 생각을 하고 있는지 공부하고 익혀야 한다. 아이들에게만 부모 세대의 가치관을 이해해달라고 하지 말고, 나부터 새롭게 변하고 있는 아이들의 관심사나 가치관에 대해 찾아보고 익히는 것이 소통을 제대로 하는 지름길이 아닐까 싶다.

하기 싫은 얘기도 있다

수와 단둘이 서울에 갈 일이 있었다. 가는 도중에 아들이 요즘 웹소설을 읽고 있어서 그 내용에 관해 대화해 보려고 했다. 무슨 소설인지 궁금하고, 생각이 어떤지도 알고 싶었다. 그런데 그 소설 얘기만 하려고 하면 대답을 회피하는 것이었다. 궁금하기는 했지만 꾹 참고 다른 얘기를 했다. 서울을 다녀오면서 아들과 학교생활 이야기도, 야구 이야기도 하면서 재미있게 지내다 돌아왔다. 돌아오는 비행기 안에서 아들이 웃는 모습으로 말하는 것을 보고 느낀 점이 하나 있다. 처음에는 나와 얘기하는 것이 싫은가 하는 생각을 했다. 그런데 그런 것이 아니었다. 단지 그 웹소설 얘기가 하기 싫은 것이었다.

우리도 살다 보면 나만 간직하고 싶은 사연이 있게 마련이다. 그리고 하기 싫은 이야기도 있다. 특히 부모들은 아이들의 이성 교제에 대해 궁금해하는 것이 당연하다. 하지만 부모가 궁금해하는 사안일수록 자녀들은 부모에게 말하기 싫은 내용일 수 있다.

그리고 그 순간이 지나 부모가 관심이 없어질 무렵이면 아이들은 자연스럽게 그때 이야기를 해주는 경우가 있다. 부모들도 인내심을 갖고 참고 기다려야 한다. 우리도 생각해보면 청소년기나 20대일 때 비밀이나 이성 교제에 대해 자세하게 부모님께 이야기해드린 적이 거의 없다. 그리고 물어보더라도 그냥 짧은 대답만 했을 것이다.

아이들에게도 하기 싫은 얘기가 있다. 그 점을 간과하지 말아야 한다.

아들에게 선택을

현이 초등학교 4학년 때 지인들과 식사하고 있는데, 한 분이 아이에게 학원을 몇 군데나 다니는지를 물었다. 8곳 정도 다닌다고 했다. 테니스(주 3회), 영어 원어민(주 1회), 수학 와이즈만(주 1회), 과학 와이즈만(주 1회), 논술(주 1회), 피아노(주 2회), 구몬 학습지.

그러자 지인들이 나에게 너무 많은 게 아니냐고 했다. 사실은 주 1회 수업이 많아서 하루에 학원 가는 시간은 2~3시간 정도이고, 저녁 7시면 모두 다 끝이 난다.

그날 저녁 집에 와서 현이 다니는 학원들을 화이트보드에 적어놓고, 하기 싫은 것은 하지 말자고 했더니, 피아노와 구몬 학습지, 한문이 하기 싫다고 했다. 다음 달부터 그 과목은 안 다니는 걸로 했다.

학원 선택에 있어 부모가 정해준 학원 스케줄을 아이들한테 하라고 하면 포기할 수도, 싫어할 수도 있다. 그러나 가끔은 스케줄을 적어놓고 하기 싫은 과목을 말해 보라고 하자. 물론 꼭 해야 할 과목인데 하기 싫다고 할 수도 있다. 그때는 잘 설득해 보고 그것도 안 되면 잠시 쉬어보는 것도 해결책 중 하나가 아닐까 한다.

공감하고 인정하기

데일 카네기의 《인간 관계론》에는 교훈이 되는 에피소드가 매우 많은데 나는 '까다로운 성악가'에서도 감동을 받았다. 차분히 읽어보도록 하자.

솔 휴로크는 지난 20년 동안 최정상의 성악가들과 공연을 추진해온 최고의 원로 매니저이다. 그는 성격이 까다로운 예술가들과 작업을 하기 위해서는 아무리 우스꽝스러운 일이라도 그들과 공감할 줄 알아야 한다고 말했다. 그가 세계 최고의 베이스 가수였던 표드르 샬리아핀의 매니저로 일할 때, 이 위대한 가수는 마치 심술궂은 어린아이처럼 괴팍하게 굴며 휴로크의 속을 썩였다. 예를 들면 음악회가 예정된 당일 낮에 갑자기 전화를 걸어 "솔, 오늘 음악회는 취소하도록 해, 목이 너무 아프고 몸도 안 좋아"라고 통보하는 식이었다. 이럴 때 휴로크는 그를 탓했을까? 아니다. 그렇게 해서는 전혀 해결되는 바가 없음을 이미 알고 있는 휴로크였다.

그는 곧바로 성악가가 묵고 있는 호텔로 달려갔다. 그러고는 그에게 진심 어린 동정심을 표했다.

"저런, 불쌍한 친구, 이럴 수가 있나, 몸도 안 좋은데 공연은 무슨? 내 곧바로 공연을 취소하겠네. 손해는 조금 감수해야겠지만 명성을 잃어버리는 데 비하면 그야 아무것도 아니지."

그러자 샬리아핀은 잠시 머뭇거리다 한숨을 내쉬면 대답했다.

"글쎄, 잠시 있어 보지. 5시쯤 다시 오게나. 그때 상황을 보세."

오후 5시에 휴로크는 다시 샬리아핀의 호텔로 찾아가 공연을 취소할 것을 누차 강조했다. 이에 샬리아핀은 "저녁에 다시 한번 들려주게나, 그때는 좀 나아질지도 모르니"라고 대답했다.

7시 30분경, 까다로운 베이스 가수는 무대에 오르기로 마음을 굳혔다. 다만 휴로크가 극장에 나가 '샬리아핀이 지독한 감기에 걸려 목소리가 좋지 않다'는 사실을 알려야 한다는 조건이었다. 그는 물론 흔쾌히 동의했고 덕분에 음악회는 순조롭게 진행될 수 있었다.

우리 아들들도 마찬가지로 그날 컨디션이 안 좋아서 학원을 가기 싫다고 할 때가 있다. 이럴 때 아들과 나의 대화는 이렇다.

아빠: 당연히 힘들지, 오늘을 쉬자. 가면 안 되겠다.

아들: (조금 쉬다가) 그럼 수학 학원은 가지 않고, 이따가 영어 원어민 수업을 갈게요.

아빠: 괜찮아, 오늘은 푹 쉬는 게 낫지 않을까?

아들: 아니야. 원어민 수업을 들을 수 있을 것 같아.

그리고 나서 학원까지 데려다주면서 너무 열심히 하지 않아도 되니까 잘 마치고 오라고 한다.

사람들은 누구나 동정을 갈구한다. 아이들은 자신의 상처를 보여주고 싶어 하며 공감받길 원하고, 자신의 상처를 인정해주길 바란다. 부모가 가지 말라고 했을 때 아들이 진짜 계속 안 가려고 한다면 가지 말라고 해야 한다. 아이들이 힘들어할 때는 그 순간 공감해주고 인정해주자. 그날을 하지 못하더라도 다음번에는 할 수 있는 에너지가 생길 것이다. 과감하게 오늘은 아무것도 하지 말고 쉬자고 말할 수 있는 부모가 되자.

인생에서 가장 중요한 것

나는 수와 현에게 가끔 질문을 한다.

"아들들, 가장 중요한 게 뭐야?"

아들들이 대답한다.

"행복이지."

그러면 나는 아들들에게 "공부하기 싫으면 안 해도 돼. 아빠는 너희들이 아빠 병원 원무과 일을 도우면서 같이 있는 게 소원 중 하나야"라고 웃으면서 말한다.

내게는 살아가면서 가장 소중한 것이 가족이다. 그리고 그 가족이 행복하게 지내는 것 역시 제일 중요한 것이다. 하지만 아들들은 아빠가 공부를 더 중요하게 생각한다고 오해할 수 있다. 그럴 때 그렇지 않다는 것을 알려주어야 한다. 그래야 힘들고 지칠 때 아빠 엄마에게 기댈 수 있다.

아들들이 가끔 학원을 가기 싫다고 할 때가 있다. 나는 그 말을 들으면 "그래 오늘은 쉬자" 하고 말한다. 이것은 나의 평상시 생각이다. 아들들이 가기 싫을 때는 그만한 이유가 있다. 그리고 하기 싫은 것을 하라고 설득하는 것은 아들의 행복을 바라는 아빠의 자세가 아닐 것이다.

나는 아내에게도 아들들이 사춘기가 되어 공부도 하기 싫고 학교도 가기 싫다고 진지하게 말하면 "'그럼 한 달 간 아들, 너 하고 싶은 대로 살아보자'라고 말하자"라고 이야기한다. 인생에서 한 달은 그리 길지 않다. 평상시에 이런 생각이 되어 있으면, 갑자기 아들들의 말을 들을 때도 당황하지 않을 수 있다. 이것은 또한 사춘기가 심하게 와도 무섭지 않게 대처해 나가는 방법일 수 있다.

실수한 그 사람이 가장 가슴 아프다

부모교육 전문가 임영주 선생님의《큰소리 내지 않고 우아하게 아들 키우기》'만화 뚱딴지'에 나오는 에피소드이다.

주방에서 '쨍그랑' 소리가 났습니다.

아들이 아빠에게 이야기합니다.

"아빠, 엄마가 접시 깨셨나 봐요."

"그래? 엄마가 깼는지 네가 어떻게 알아?"

아들이 대답합니다.

"혼내는 소리가 안 들리잖아요."

자기들(부모)은 실수하는 게 당연하고 우리가 잘못하는 건 절대 안 봐주는 웃기는 어른이라는 뜻일 수도 있습니다. 관점을 바꿔야 합니다.

어른에게는 엄격해야 하며, 아이에게는 관대해야 합니다.

하루는 아들이 생라면을 먹는 중에 물을 가지러 일어나다가 잘못해서 생라면과 스프가 바닥에 뿌려지게 됐다. 그것을 본 아내는 놀라서 화를 냈다. 1초도 지나지 않아서였다.

"엄마가 생라면 먹을 때는 쟁반에 넣어서 먹으라고 했지, 넌 왜 이렇게 조심성이 없니?"

먹으려고 하는 생라면을 흘린 아들이 마음 아플 텐데 엄마가 그렇게 화를 내니 눈에 눈물이 흥건했다.

나중에 아내와 대화를 했다. 실수를 하면 제일 속상한 사람은 실수를 한 사람이 아니겠느냐고. 아내도 그 순간을 지나고 보니 그럴 수 있는데 자신이 좀 심했던 것 같다고 한다. 생라면을 먹어본 사람은 잘 알지만, 당연히 흘릴 수 있다. 아들도 한번은 흘려봐야 다음에 더 주의할 것이다. 그래서 한번 흘리는 실수를 보고 바로 화를 내면 아들에게 상처만 줄 뿐 달라지는 것은 없다. 화내고 소리 지르며 말하면 아이에게는 화를 내는 부모 얼굴만 나중에 생각나게 된다.

또한 아이가 실수해도 격려하고 도움을 주려고 노력해야 한다. 아이들에게 집은 삶이라는 사회에 나가기 전에 연습하는 곳이다. 집에서 충분히 실수하고, 고치고, 방법을 찾는 과정을 거치면서 커 가는 것이다.

아이들이 실수하거나 맘에 들지 않는 행동을 했을 때, 임영주 선생님은 '잠깐 멈추기'를 하라고 조언한다. 아이의 반복되는 실수 앞에서 어떤 부모도 관대해지기가 쉽지 않지만, 그 순간 소리 지르고 순식간에 화내고 나서는 돌아서서 후회하는 행동은 하지 말라는 것이다.

그렇다. '참을 인(忍) 자 세 번이면 살인도 멈춘다'라는 옛말이 있듯이, 그 순간 잠깐 멈추고 숫자 10까지를 세다 보면 아무 일도 아닌 경우가 많다. 갑자기 혜민 스님의 책 제목이 생각난다. '멈추면, 비로소 보이는 것들'

실수한 그 사람이 가장 가슴 아프다.

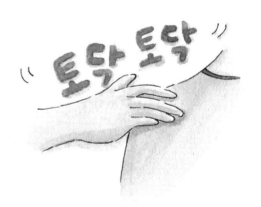

대답하기 곤란한 질문

아이들은 가끔 대답하기 힘들거나 곤란한 질문들을 한다. 가령 공부는 왜 해야 하는지, 학생 때는 왜 연애를 하지 말아야 하는지, 아기는 어떻게 만들어지는지 같은 질문이다. 이런 질문을 받았을 때 대답하기 힘들다고 단순하게 "크면 자연히 알게 돼" "쓸데없는 소리 말고 공부나 해" "연애는 안 돼" 라는 식으로 말하거나 아예 대답을 회피하는 경우가 있다.

이렇게 곤란한 질문을 받았을 때는 부부가 먼저 대화하고 나서 대답하는 것도 좋고, 자신의 경험을 들려주면서 말하는 것도 좋다. 또 다른 좋은 방법은 이 질문에 대한 유명한 강사들의 동영상을 찾아 부합하는 것을 보여주는 것이다.

가령 "공부는 왜 하는지"의 질문에 수능 사회탐구영역의 유명한 강사 이지영 선생님은 이렇게 말한다. "나를 사랑해서, 나를 사랑해서 나에게 좋은 것을 주고 싶어서, 나에게 좋은 스펙을 주고 싶고 그래서 공부를 하는 것"이라고. 이런 동영상을 아이들과 같이 들으면 서로의 생각을 이야기할 수 있고, 그 대화를 통해 좋은 대답을 얻을 수 있다.

객관적 자료 보여주기

내가 학생 때도 음악을 들으면서 공부를 하는 친구들이 있었다. 그렇지만 상위권 친구들은 음악을 들으면서 공부하지 않는다. 드라마 〈공부의 신〉 저자 강성태 작가도 "온전히 집중하려면 음악을 들으면서 하는 것은 안 된다"라고 주장한다. 나 역시 학생 때 음악을 들으면서 하는 공부는 잘되지 않았다.

수가 스마트폰으로 음악을 듣고 노래를 부르면서 공부하는 시간이 점점 많아졌다. 아내는 음악을 들으면서 하는 공부는 집중이 잘되지 않을 것이라고 했지만 아들은 편견에 불과하다며 순응하지 않았다.
하루는 라디오에서 음악을 들으면서 근력 운동을 하면 그렇지 않은 사람에 비해 근력이 잘 안 생긴다는 연구 결과가 있다고 했다. 이에 나는 인터넷에서 음악을 들으면서 공부를 할 때 집중력이 떨어진다는 자료를 찾았고, 그것을 보여주었다. 그때부터 수는 음악을 들으면서 공부하지 않았고, 공부를 마치고 쉬는 시간에 노래를 들었다. 이렇듯 부모의 생각이 맞는 경우가 많지만, 그 생각이 객관적이 아닐 때도 있다. 아들을 설득하기 위해서는 때때로 객관적인 자료가 필요하다.

공평한 가위 바위 보

우리 가족은 외식을 자주 하는 편이다. 가족이 모두 편식을 하지는 않지만 각자 그날 먹고 싶은 음식이 다르다. 그래서 우리는 외식할 때마다 가위 바위 보로 이기는 사람이 먹고 싶은 음식점으로 간다. 우리는 아이들이 이겼을 경우엔 감자탕, 스파게티, 육회 등 다양한 메뉴를 고르는 아이들의 의견을 따른다. 자꾸 설득해서 다른 음식을 먹도록 유도하게 되면 다음부터는 가위 바위 보에 대한 가치가 떨어지기 때문이다. 그러나 생일 등 특별한 날일 때는 주인공의 의견을 따른다.

가족이 함께 차를 타고 이동할 때 듣고 싶은 음악이나 노래가 서로 다를 때가 있다. 우리 가족은 순서대로 듣는다. 한 사람씩 듣고 싶은 노래를 말하고 그 노래를 듣다 보면 나도 아이들이 좋아하는 힙합을 알게 된다. 아들들도 내가 좋아하는 발라드를 따라 부르게 되어 지금은 장르 때문에 서로 듣기 싫은 노래가 없게 되었다.

음식 정하기, 듣고 싶은 노래 정하기 등 결정해야 하는 일들은 아들들을 친구로 생각하고 가위 바위 보로 이긴 사람의 의견을 따르는 것이다. 이런 일들을 정할 때는 아들들을 친구로 생각하고 접근하면 쉬운 결론을 낼 수 있다.

토론에서 공평한 기회를

엄마 심판

코로나19로 인한 사회적 거리두기를 지키지 않는 사람들을 보고 국민
적 분노가 일고 있던 어느 날이었다. 나도 국민청원에 '동의합니다'라
고 했다며 저녁을 먹으면서 수에게 말했다. 그러자 수는 국민청원에
근본적인 해결책을 올리지 않고 다들 분노 표출만 하고 있다고 비판
조로 말한다. 나는 그 말에 우리는 전문가가 아니므로 여론을 조성하
는 것이 더 중요하다고 말했고 대화는 길어졌다.

내가 5분 정도 말하고 있는 것을 지켜보던 아내가 "여보, 그만 하세
요. 이제는 수 차례예요"라면서 내 말을 끊었다. 이 말에 아들은 기다
리고 있었다는 듯이 자기 주장을 펼쳤다. 순간 나는 머쓱해졌다. 내가
말을 할 때는 '수가 내게 설득당하는구나'라고 생각했었는데, 그게 아
니었다. 아들은 경청하면서 자신의 차례를 기다리고 있던 것이었다.

순간 미안해지면서 뭔가 잘못됐다는 마음이 들었고 수에게 집중하게 되었다. 그리고 5분 후에 아내가 이제는 "여보 차례"라고 해서 다시 내 생각을 말하게 되었다.

현이 이 얘기를 들더니 "부모들은 다 자기가 옳은 줄 안다"라며 한마디 한다. 듣고 보니 틀린 말은 아니다. 중학생, 고등학생이 된 아들을 키우는 나도 내 생각을 아들들에게 주입하려고 한다. 내 생각이 옳다고, 너희들에게 도움이 되는 얘기라고 하는 것이다. 그렇지만 중학생이 된 아들은 생각보다 많은 정보를 알고 있는 것 같다. 중학생 아들에게 한 수 배우게 된다.

내 생각을 자꾸 아이들에게 주입하려고 하면, 아이들은 아빠랑 얘기하면 아닌 것 같은 생각이 들게 되어 결국 아빠와 말을 섞고 싶어 하지 않게 된다. 그리고 아이들의 말을 경청해야 아이들의 생각이 어떤지를 알게 된다. 아이들 생각은 다를 수 있고 또 옳을 수도 있다. 그러므로 아이들의 말이 무조건 옳다 그르다 식의 자세를 버려라. 그런 우를 범하지 말아야 한다.

발언 쿠션

미국 드라마에 나오는 이야기다. 50대 고등학교 화학 선생님이 폐암에 걸렸다. 3기여서 항암치료와 방사선 치료를 받아야 한다. 그런데 치료비가 걱정이다. 1억 가까운 비용이 드는 탓에 선생님은 치료를 망설이고 있다. 아니 치료를 받지 않으려 한다. 대략 이런 내용이다. 이 상황에서 가족이 모였다. 50대 남편, 아내, 제부, 처제, 10대 아들이다.

먼저, 아내가 말한다. 당연히 치료를 받아야 한다. 치료비 걱정은 하지 말라는 것이다. 아내가 이야기하는 도중에 남편이 자기 뜻을 밝히려 하자 아내는 자기에게 발언 쿠션이 있다며 "각자 말할 기회가 있는 것을 알지? 그다음에 당신 기회가 올 거야"라면서 남편의 말을 가로막는다. 모든 사람의 발언이 끝나자 드디어 남편이 발언 쿠션을 건네받고 말을 한다.

한국 사회는 대화할 때 끝까지 듣는 습관이 아직은 부족해 보인다. 아이들이 말을 할 때 중간에 어른들이 "그건 아니야" "잠깐만, 버릇없이 그런 말을 하다니" 하면서 말을 못 하게 중간에 막는 경우가 종종 있다. 그런데 발언 쿠션을 가지고 말을 하는 모습을 보면 비록 내 의견과 맞지 않거나 내 판단에 대해 잘못된 말을 하더라도 끝까지 들어줄 수 있다.

이렇게 발언 쿠션을 사용하면 평상시 아들들의 생각을 깊게 들을 기회를 만들 수 있다. 물론 부모로서는 힘이 들 수 있다. 중간에 끼어들어서 말을 하고 싶을 것이다. 그렇지만 다 듣고 나면 중간에 끼어들었더라면 듣지 못했을 이야기들을 들을 수 있다고 느낄 것이다.

강의노트 4

아빠는 훌륭한 상담사

아들들은 사춘기가 되면 자위를 하게 된다. 자연스러운 현상이다. 그렇지만, 쉽게 서로 터놓고 이야기를 할 수 없다. 특히 엄마로서는 아들과 이런 대화를 하기가 어색할 것이다. 이때 평상시에 아들과 대화를 많이 하는 아빠라면 자위에 대한 경험과 조언을 솔직하게 얘기해줄 수 있다.

아빠들은 아들들에게 정보를 주고자 한다. 그런데 정보는 잔소리일 수 있다. '똑바로 앉아서 밥 먹어라' '스마트폰 많이 하면 눈이 나빠진다' '인스턴트식품은 몸에 나쁘다' 등의 정보를 주려고 한다. 그러나 아들들이 원하는 것은 정보가 아니라 정서의 교류이다. "아빠도 어릴 때 삐딱하게 많이 앉았지. 스마트폰 하는 것을 많이 하다 보니 목이 너무 아프다. 즉석식품이 어른이 된 지금도 엄청 맛있네." 이런 식으로 정서의 교류가 필요하다. 정서의 교류가 이루어지면, 아들과 정보의 교류는 물론 대화도 자연스럽게 이루어진다.

어릴 적부터 아들과 관계가 돈독해진 아빠는 아들의 청소년기에 훌륭한 상담사가 된다. 아들을 그 누구보다도 잘 알고 있고, 본인도 사춘기를 겪은 경험이 있어서. 훌륭한 상담사가 될 수 있는 환경에 있는 아빠지만, 그렇다고 아들의 마음을 헤아리기는 쉽지 않다. 그래서 아들의 말을 끝까지 경청해야 한다.

정신과 의사들의 진료비에는 상담료가 포함돼 있다. 그런데 의사들은 이 상담 시간에 환자들의 이야기를 듣고 공감해 주는 것이 대부분이다. 듣고 공감해 주는 것만으로도 환자들은 마음속 응어리나 스트레스를 거의 해소한다고 한다.

아들의 마음도 마찬가지다. 학교에서 문제가 있던 아들을 꾸짖기보다는 아들에게는 어떤 생각이 있는지 경청해 주는 자세가 요구된다. 아들이라고 자신의 잘못을 모르는 것은 아니다. 다만 지금 그것을 인정하기 싫을 뿐이다. 부모가 품어주지 않고 잘못을 뉘우치라고만 하면 역효과가 날 확률이 높다.

상담사는 누구를 때리거나 벌을 주거나 나무라지 않는다. 이런 방법이 환자에게 도움이 안 된다는 것을 누구보다 잘 알고 있기 때문이다. 아들들을 대하는 아빠는 반드시 알아야 한다. 그 순간 아들들이 잘못했다고 빌 수는 있어도 시간이 지나면 억울한 마음이 안 풀릴 것이고 벌을 받았다는 것만 생각하게 된다는 것을.

상담사는 환자가 얘기하고 싶지 않은 것을 강요하지 않는다. "다음에 기회가 되면 말해주세요" 한다. 아들과 대화할 때도 특히 이점을 유의해야 한다. 자칫하면 서로 서먹해지는 요인이 될 수 있다. 지금이 아니더라도 시간이 지나면 대부분 자연스럽게 말해

줄 것이다. 인내심을 가지고 기다려야 한다. 그리고 누구나 비밀을 가지고 있다. 부모도 모든 일을 자식에게 말해주지는 않는다. 특히 빚이 얼마나 되고 요즘에 어떤 친구들과 무엇을 하고 있는지. 그리고 술집은 어디가 좋고 왜 그곳이 좋은지 이런 것들을 아이가 묻는다면 아빠는 얘기하고 싶지 않을 것이다.

상담사로서 부모는 자녀들과 깊이 있는 대화를 해야 한다. 그러려면 자주 자녀들의 말을 들어 보아야 한다. 밥상머리에서 경청해야 한다. 그리고 깊이 있는 소통을 하려면 경청하고 나서는 "많이 힘들었구나" "아빠도 그때는 그랬는데" "그래도 그 정도라면 훌륭한데" 등등으로 공감하고 인정하는 말을 해주어야 한다. 그래야 더 깊은 얘기를 들을 수 있게 된다.

환자들은 상담사의 생각과 행동이 맘에 안 든다고 마구 화를 내거나 "그건 틀렸습니다"라고 말하지는 않는다. 아이들도 그렇다. 아빠의 생각이 자기와 다르고 맘에 들지 않는다고 해서 아들이 아빠에게 화를 내는 경우는 아빠가 아들에게 화를 내는 것보다 많이 적다. 아이들도 그만큼 참고 인내한다. 아이들이 참지 않고 가감 없이 이야기하면 어른들은 "사춘기가 심하게 왔다" "심한 사춘기를 겪고 있다" 이렇게 말하곤 한다. 사실은 아이들은 자신의 생각을 자유롭게 표현하는 것이다. 그것은 부모의 생각과 다를 뿐 아니라 어른들이 예상하지 못한 것이다.

아이들은 살아가면서 어려운 일에 부닥칠 것이다. 육체적 어려움은 어떻게든 해쳐나가려고 한다. 잠을 자거나 보양식을 먹으면서 해쳐나갈 수 있다. 그렇지만 정신적인 어려움이나 고민 등은 상담사가 필요하다. 친한 친구가 상담사가 될 수 있지만, 아빠만한 친구는 없다. 아빠는 그보다 더 가깝고 인생 경험이 풍부하다. 아빠에게 고민을 털어놓을 수 있게 넉넉한 환경을 만들자. 이게 아빠의 역할이다.

66

남자아이들은 커 가면서 아빠를 닮아간다. 아빠가 양말을 아무 곳에나
벗어놓거나, 목욕도 잘 안 하고, 옷에 음식이 묻어도 별 생각이 없다면
아들들도 비슷한 경향을 보인다. 엄마 편에서는 잘 이해가 되지 않는다.
여자의 유년 시절과는 크게 다르기 때문이다. 여자로서 이해할 수 없는
일들이 자꾸 생긴다. 그래서 아빠가 필요하다.

99

chapter 05

엄마는 아들을 모른다

– 엄마의 체험

남편은 슈퍼맨이 아니었다

아이들이 초등학교에 들어가기 전까지 아빠라는 존재는 제일 놀고 싶은 대상이었다. 우리 아들들도 남편이 퇴근해서 집에 들어오는 순간 "아빠!" 하고 외치며 달려간다. 남편도 밝은 얼굴로 아들들을 두 팔로 번쩍 안아준다. 저녁 식사 전까지 30분가량 이산가족 상봉이기나 한 듯 무척 반가워하며 두 아들과 열심히 논다.

저녁 식사를 마치고 나면 남편은 어느새 소파에 다리를 길게 뻗고 누워있다. 좀 전과는 너무 다른 모습에 나는 처음에 당황했다. '병원에서 무슨 일이 있었나?', '내가 실수한 것이 있나?' 등의 질문이 생겨서 나는 조심스럽게 물어본다. 남편의 대답은 간단하다. "나 조금만 멍 때리고 있을게…."

그래, 남편은 슈퍼맨이 아니었다. 종일 아픈 환자들의 얘기를 들어주고, 3평 남짓한 진료실에서 얼마나 힘들고 답답했을까? 나는 갑자기 안쓰러운 마음이 생겼다. 나름대로 남편을 이해한다고 했지만, 미처 거기까지는 생각하지 못했다. 남편은 지친 마음으로 퇴근하면 아빠만을 기다리고 있는 아들들을 그냥 지나칠 수 없어서 잠시 마지막 에너지를 토해내듯 열심히 놀아준 것이다. 그런 남편의 입장을 알게 되니 멍 때리는 시간만큼은 주기 위해서 아이들을 데리고 다른 방에서 놀아주려고 노력했다.

저녁 식사 후에 한 시간 정도 멍 때리는 시간을 갖고 나면 다시 에너지를 찾고 아이들과 다정하게 놀아주는 남편이 지금 생각해보면 참으로 고맙다.

남자들이 슈퍼맨은 아니다. 남편들에게도 가끔은 충전하는 시간이 필요하고, 충전을 잘 시켜주면 몇 배로 육아에 더 자주 참여할 것이다.

지금은 아들들이 고등학생, 중학생이 되어 남편이 퇴근하고 들어와도 달려가 맞이하는 일은 없다. 하지만 여전히 남편은 집에 들어올 때 "아들들!" 하고 외치면서 들어오고, 아들들은 "아빠, 왔어?" 하며 반갑게 맞이한다.

여자가 모르는 남자들의 심리

가. 우리 집의 규칙, 계약서!

계약서가 하나의 규칙이 되기까지 크게 두 가지가 내 마음에 자리를 잡고 있었다. 귀찮음과 반신반의다.

처음에는 귀찮았다. 계약서 내용을 아들들과 하나하나 조율해 나가는 과정은 때로는 피곤한 일이기도 했다. 서로의 입장을 충분히 들어보고, 얘기하고, 협상하는 것은 나라 간의 외교만큼이나 지혜가 필요한 일이었다. 계약서를 쓸 때는 정신을 바짝 차리고 분위기에 휩쓸려가지 않도록 집중을 다해야 한다. 아들들에게도 의외로 여우 같은 면이 있다.

예를 들어 주말에만 할 수 있는 게임 시간을 정할 때도 우리는 4시간을 제시했고, 아들들은 6시간을 원했다. 그러면 서로의 입장을 다 들어보고 5시간으로 합의하게 된다. 이럴 때 보면 아들들도 떼를 쓰거나 막무가내로 고집을 부리지는 않는다. 부모들을 설득하기 위해 나름 진지하게 대화에 응한다.

부모가 얻는 만큼 자녀들에게 주는 것도 있어야 한다. 그래야 서로 만족하는 협상을 하게 되고, 그래야 다음에도 부모와 협상을 할 테니까.

두 번째는 반신반의했다. 과연 저렇게 적어놓는다고 해서 자기 할 일을 잘할까? 엄마의 잔소리 없이 정말 아들들을 잘 키울 수 있을까? 앞에서도 말했듯이, 남자들은 정말 단순하다. 그래서 계약서를 눈에 보이는 곳에 붙여놓는 시각적인 자극이 매우 중요하다. 그것을 보고 아들들은 게임 시간을 갖기 위해 최선을 다해 집중해서 숙제를 끝낸다. 또 계약서가 자꾸 눈에 들어오니 잊어버리지도 않고 우기지도 않는다.

지금 우리 집은 코로나19로 학교에 못 가는 이 엄중한 시기에도 집에서 시간 분배를 잘하면서 즐겁게 생활하고 있다. 모두 계약서 덕택이다.

나. 외출할 때, 엄마는 숙제를 시키고, 아빠는 게임을…

아빠와 엄마의 차이는 자녀를 양육하는 태도에서 종종 나타난다. 가끔 남편과 저녁에 외출하게 되면 나는 아들들에게 오늘 해야 할 숙제를 상기시킨다. 하지만 남편은 숙제는 나중에 우리가 돌아오면 하고 우리가 나갈 때 게임을 먼저 하라고 한다. 왜 그러느냐고, 숙제부터 끝내고 게임을 해야지 하고 물으면 남편은 이런다.

"저 아들들이 숙제 제대로 할 것 같아?"

또 한 번 나는 배운다!

다. 아들에게도 멍 때리는 시간을

그러면 정말 우리 집 아들들은 계약서에 나온 게임 시간 이외에는 공부만 할까? 전혀 그렇지 않을 뿐만 아니라 가능하지도 않다.

부모의 일과는 어떠한가? 남편은 주중에 일하고 나면 주말에는 골프를 치거나 회식을 하거나 친구를 만나거나 노는 시간을 꼭 갖는다. 나또한 낮에 모임에 나가거나 주말에 친구들이랑 치맥을 하면서 스트레스를 수다로 풀고는 한다. 그래서 아들들에게도 주말에 노는 시간, 게임 시간을 충분히 준다.

그러면 일하고 노는 시간 외에는 다른 시간은 없는 것일까? 제일 중요한 시간 중 하나가 쉬는 시간이다. 소위 멍 때리는 시간!

남편에게는 저녁 식사 후 한 시간가량 소파에 누워있는 멍 때리는 시간이 휴식이고, 나에게는 오전에 혼자 집에서 음악 듣고, TV 드라마보며 웃는 시간이 멍 때리는 시간이다. 우리 아들들에게는 학교 끝나서 귀가 후 30분가량 쉬는 시간, 학원 가기 전에 쉬는 시간, 숙제를 다마친 후 한 시간가량 쉬는 시간이 휴식 시간이다. 이때는 유튜브도 보고, 텔레비전도 본다.

아이들이 게임을 하거나 친구들과 노는 시간을 부모님들은 휴식 시간이라고 생각한다. 하지만 우리가 인생을 살아보면 그건 전혀 다른 시간이 아니던가. 아이들에게도 멍 때릴 수 있는 쉬는 시간이 틈틈이 필요하다는 것을 인정해주면 좋을 것 같다.

잔소리 없이 아들을 잘 키울 수 있을까

아이들이 어렸을 때 엄마의 존재는 무엇이었을까? 자신의 의식주를 모두 책임지는 전지전능한 존재였을까? 아이들이 점점 커가면서 엄마는 잔소리꾼으로 변해간다. 나 역시 "숙제는 다 했니" "책 좀 읽어라" "책상 정리해라" "벗은 옷은 빨래통에 넣어라" "빨리 씻어라" 등등으로 하루가 멀다고 아이들에게 잔소리를 하고 지냈다. 물론 이런 말들이 잔소리라고는 생각하지 않았다. 아들들을 키우면서 당연히 가르치는 일이라고 생각했다.

어느 날 아이들이 엄마 별명은 '잔소리 대마왕'이라고 한다. 그때는 "엄마가 무슨 잔소리를 많이 한다고 그래? 다 너희를 위해서 하는 말인데"라고 말하며 아들들의 의견을 무시하고 넘어갔다.

수는 6학년 무렵 사춘기에 접어들면서 내게 조금씩 논리적으로 따지기 시작했다. 하루는 숙제를 안 하고 왔다는 선생님의 전화를 받고 화가 나서 수에게 왜 숙제하지 않았느냐고 언성을 높였다. 예전 같으면 "앞으로는 잘 할게요"라고 말했을 순한 아들이 "엄마는 집에서 편히 쉬면서 왜 나한테만 그래요?" 한다. 순간 아들의 말에 서운해서 "엄마가 집에서 노는 것으로 보이냐? 집안일은 누가 하니? 너희들 기사는 누구냐?" 하면서 아들에게 따졌다. 한참 논쟁이 오가다가 남편의 중재로 마무리는 되었다.

그날 밤 남편은 나에게 아까 수와 말하는 것을 들으니 부부싸움 하는 줄 알았단다. 헉!

엄마와 아들의 대화처럼 보이지 않았다는 것이다. 사춘기 아들의 마음을 조금은 헤아려주고 "그래 네가 요새 피곤하구나"라는 한마디면 아들도 더 느꼈을 텐데, 그렇게 소프라노 잔소리를 하니까 서로 상처만 주게 된 것 같다고 말하는 것이다. 내가 그동안 아들들을 어떻게 키우고 있는지 다 알면서 참 논리적이고 객관적으로 말하는 남편이 그때는 매우 야속했다. 잔소리가 엄마 몫처럼 된 것도 남편이 잔소리를 안 하니까 그런 것이라며 나를 위로하고 있었다.

하루는 밤에 남편하고 나가서 술 한잔을 하면서 아이들 육아에 대한 고민을 털어놓게 되었다. 부부들에게 이런 시간은 참 필요한 것 같다. 서로 관점의 차이가 정말 컸다.

남편: 요새 부쩍 아이들에게 잔소리를 많이 하는 것 같아. 이러다가

당신과 아들들 사이 나빠진다.

아내: 모르는 소리 하지 마, 당신은 퇴근하고 몇 시간만 아들들을 보니까 그렇지. 종일 아들들과 집에 있으면 얼마나 말 안 듣는데….

남편: 당신이 아들들을 정말 잘 키우는 건 알지만, 아들들 점점 머리가 커 가는데 언제까지 당신 말을 들을 것 같아?

아내: 그러니까 나한테만 그러지 말고, 당신이 아이들 좀 가르쳐봐. 나도 매일 숙제하라고 말하는 거 싫어.

남편: 좋아, 그럼 앞으로 당신은 아이들에게 숙제하라고 절대로 말하지 마.

아내: 어떻게 할 건데?

남편: 계약서를 쓰자. 하루에 아들들이 해야 할 일들을 말해줘. 그것만 정해서 종이에 써놓자. 아들들이 보면서 스스로 점검할 수 있게 말야. 지키면 주말에 게임 시간을 주는 거야.

아내: 과연 재들이 지킬 수 있을까?

남편: '시작이 반이다.' '첫술에 배부르랴.' 우리는 이것만 기억하면 돼!

세 시간에 걸친 남편의 설득으로 나는 아들들에게 더는 잔소리를 하지 않게 되었다. 계약서를 작성할 때 아들들이 해야 할 일들을 잘 조율해서 넣고 사인만 하면 끝이었다. 결과는 놀라웠다. 정말 아들들이 계약서대로 약속을 잘 지키는 것이었다. 주말에 할 게임 시간 확보를 위해서 필사적으로 계약서 내용을 지키는 것이다. 어머! 이렇게 단순할 수가!

'게임이라는 보상 때문에 아들들이 열심히 하는 것이라면 보상이 없을 땐 어떻게?'라는 걱정이 살짝 생기기는 했지만, 남편을 믿어보기로 했다.

"게임을 하나의 여가활동으로 인정하면 돼. 게임이 다 나쁘다는 건 선입견이야. 당연히 중독되지 않게 부모와 자녀가 의논해서 잘 조정하면 되는 것이고, 이런 규칙을 만들면 돼. 게임은 우리의 적이 아니야, 무기라고!"

남편의 말을 나도 서서히 인정하게 되었다. 나의 잔소리가 많이 줄어든 만큼 우리 집 거실 벽에는 계약서가 계속 늘어가고 있다.

컴퓨터가 2대라니 말이 돼?

주말에 우리 집 아들들의 가장 중요한 일과는 게임을 재미있게 하는 것이다. 거실에 컴퓨터가 있어 서로 돌아가면서 자기에게 주어진 시간만큼 게임을 한다. 어느 날 아들들이 돌아가면서 게임하는 모습을 보니 수가 게임을 할 때는 현이 공부에 집중을 못 하고 현이 게임을 할 때도 수가 집중을 못 하는 게 아닌가.

아뿔싸! 옆에서 게임만 해도 아들들은 자기가 하는 것처럼 신경이 쓰이고 관심이 가는 것이구나. 나는 안 되겠다 싶어 공부하는 사람은 다른 방에 들어가서 하도록 했다.

이런 모습을 몇 번 보던 남편이 내게 긴급 제안을 한다. 컴퓨터 1대를 더 사자고…. 그 말에 나는 남편을 한 대 때릴 뻔했다. 그렇지만 교양인답게 마음을 진정하고 남편에게 따져 물었다.

"1대도 모자라 이제는 2대 만들어준다고? 1대 관리하는 것도 나는 신경이 쓰이는데, 애들 프로게이머 만들 생각이야?"

내 말에 남편이 차근차근 설명하기 시작했다.

"어차피 우리 집은 계약서상 주말에 게임하는 것은 당연한 거야. 근데 지금 보니까 수와 현 자기들이 하는 게임 시간 외에도 공부에 집중하지 못하고 다른 사람이 하는 게임만 쳐다보고만 있잖아. 가게 경제에 부담은 되지만 1대 더 만들어주자. 아들들이 할 일을 다 하고 게임을 함께하면 얼마나 좋아. 시간은 더 절약되고, 둘이 함께하니까 더 재미있고, 우애도 깊어지고."

이럴 때 보면 남자들은 참 단순하다. 그런데 가만히 남편 말을 들으니 더는 반박할 수가 없었다. 아들들의 게임 사랑은 우리 엄마들이 생각하는 것보다 훨씬 더 크리라. '그래도 아닌 것 같은데…' 하는 불안함이 컸지만, 남편의 끈질긴 설득에 드디어 허락하게 되었다.

며칠이 지나서 아들들의 컴퓨터 사용 패턴을 보니 내 걱정이 기우에 지나지 않았다는 것을 알았다. 가끔 상으로 주는 평일 게임 시간에는 둘이 같이 게임을 하니 훨씬 효율적이기도 하고, 아들들은 같이 게임을 하려고 숙제는 다했느냐고 서로 확인하기도 한다.

우리 집은 PC방 사양만큼 좋은 컴퓨터가 2대 있는 집으로 수와 현 친구들에게 소문이 났다. 그래서 가끔 아들들이 친구들을 데리고 와서 같이 한다. 괜히 친구들과 PC방에 몰려다니지 않아서 안심도 되고, 아들 친구들 소개도 받아서 좋기도 하다.

수와 현은 주말 오후까지 할 일을 다 마치고 나면 둘이 같이 컴퓨터 게임을 한다. 남편 말대로 서로 같은 팀이 되어 재미있게 하는 것을 보면 잘했다는 생각이 든다. 가끔은 세 부자가 돌아가면서 하기도 하는데 남편이 이걸 노린 건 아닌지 의심의 눈초리를 보낸다.

엄마 양육 독박

주위를 살펴보면 남편들은 아이들 양육에 거의 무관심하고 아내 혼자 도맡아 하는 경우가 종종 보인다. 남편이 정말 아이들에게 무관심해서 그런 경우도 있겠지만 내 주위를 보면 엄마들이 거의 아빠의 자리까지 채운다. 그러므로 남편이 양육의 동업자로서 참여하지 못하는 경우가 대부분이다. 남편을 양육에 참여하도록 하려면 아빠의 자리가 필요하다. 그런데 엄마가 아빠의 역할까지 다해버리면 아빠들은 양육에 대한 노력은 커녕 고민조차 하지 않게 된다.

엄마 혼자 '동네 정보'를 가지고 아이들을 키우면 나중에 '평균의 오류'를 범하게 될 수 있다. '내 아이는 내 옆집의 아이와는 분명히 다르다.' 이것이 양육에 아빠와의 협업이 중요한 이유다.
특히 아들들은 점점 커가면서 에너지가 많아지고, 운동량이 늘어나고, 게임이 친구가 되고, 사춘기가 되면 엄마들이 감당하기에는 역부족일 때가 많다. 그럴 때 아들의 마음을 잘 헤아려주고 대화를 해줄 수 있는 상대가 아빠라면 얼마나 든든한 일인가?

그러기 위해서는 어릴 때부터 아빠들도 아이들의 양육에 관심을 갖고 참여할 수 있도록 해야 한다. 우리 집 남편처럼 어느 순간 아들에게 한 자신의 행동을 반성하면서 적극적으로 아들들과 놀아주는 아빠가 된다면 금상첨화겠지만 만약 그렇지 않다면 부부간 대화를 통해 각자의 역할을 나누는 것도 좋다. 부부간에도 계약서가 필요하다면 당장 실천하자.

강의노트 5

남편은 인생의 동업자

살아가면서 나는 남자를 좀 안다고 생각했다. 그렇지만 그것은 성인이 된 남자를 안다는 것이지 남자들의 유년 시절, 사춘기 시절을 잘 이해하는 것과는 다른 문제이다. 가령 어릴 때 엄마 말을 잘 듣던 아들이 사춘기가 되어 반항하면 큰 배신을 당한 느낌을 받게 될 것이다. 그렇지만 그건 배신이 아니다. 단지 남자아이들이 커가면서 어른이 되어가는 현상일 뿐이다.

그러므로 엄마들은 자라나는 아들들을 다 안다고 생각하지 말고 성장기 아들들에 관해 아빠들에게 조언을 구하고 같이 의논하면서 키워야 한다. 남자아이들이 왜 게임을 좋아하고 게임에 빠지는지 등의 문제를 두고 그냥 나쁜 것이라고, 공부에 방해되는 것이라고만 생각하면 남자아이들을 제대로 파악할 수 없다. 지피지기면 백전백승이다. 우선 아들들이 좋아하는 것에 관해 관심을 갖고 공부할 필요가 있다. 그러면 자연히 아들들과도 게임에 대해 자연스럽게 대화를 할 수 있다.

남자아이들은 커 가면서 아빠를 닮아간다. 아빠가 양말을 아무 곳에나 벗어놓거나, 목욕도 잘 안 하고, 옷에 음식이 묻어도 별 생각이 없다면 아들들도 비슷한 경향을 보인다. 엄마 편에서는 잘 이해가 되지 않는다. 여자의 유년 시절과는 크게 다르기 때문이다. 여자로서 이해할 수 없는 일들이 자꾸 생긴다. 그래서 아빠가 필요하다.

엄마만의 생각으로 접근하면 아들들과 많은 다툼이 생긴다. 가령 컴퓨터 2대라는 아이디어는 엄마들의 머리에서는 절대 나올 수 없다. 그리고 외출할 때도 아들들에게 게임을 미리 하라고 제안하는 생각도 엄마에게서는 나오기가 거의 불가능하다. 그래서 아빠와의 대화가 필요하고 아빠의 생각을 아들들을 키우는 데 반드시 반영해야 한다. 아들들은 아빠를 닮아가기 때문이다. 아빠를 닮아간다면 아들들의 심리를 아빠가 가장 잘 알지 않겠는가. 그래서 아빠의 생각을 물어보아야 한다.

아들들은 키우는 데 있어 부부는 자동차의 바퀴와 같다. 엄마는 앞바퀴이고 아빠는 뒷바퀴이다. 앞바퀴의 힘만으로도 아들들이 앞으로 나아갈 수는 있다. 그렇지만 어느 순간이 되면 엔진에 무리가 가게 된다. 그래서 뒷바퀴의 도움이 필요하다. 아빠의 뒷바퀴가 자연스럽게 굴러간다면 앞바퀴를 담당하고 있는 엄마는 조금 더 수월해질 것이고 힘을 비축할 수 있다. 그리고 엔진에 무리가 갈 일이 없으니 자동차는 오랜 시간을 운행할 수 있을 것이다.

마지막으로 엄마들은 아빠들의 교육 참여에 대해 긍정적 칭찬을 해야 한다. 아빠들은 아빠 나름의 방식으로 아들들 교육에 참여해보려 하지만 엄마들에게 비난을 받을 수 있다. 엄마들에게는 옆집 아빠는 100점인데 우리 집 아빠는 10점이라고 낮춰보는 경향이 있다. 아빠들의 점수 편차는 특히 심하다. 그렇다고 10점을 무시해서는 안 된다. 지속해서 자녀교육에 관심을 가지고 같이 아들들을 키워간다면 분명 우리 집 아빠도 90점을 넘을 수 있다. 아빠가 '자녀들의 교육에 참여하겠다'라는 생각이 있는 것만 확인해도 50점을 줄 수 있는 엄마가 되도록 하자.

아들들에게 문제가 생기면 먼저 아빠의 생각을 들어보자. 이것이 엄마들이 편하게 아들들을 키우는 방법의 첫걸음이 아닐까 싶다.

66

네 식구가 밥상에 앉는다. 누구의 손에도 스마트폰은 없다.

수가 그날 있었던 일을 이야기한다. 현도 그날의 일을 말한다.

아내와 나는 끼어들지 않고 그 이야기를 듣기만 한다. 아이들의 말이 끝나면

나도 아내도 하루에 있었던 일을 나눈다. 서로 떨어져 지냈지만 자유롭게

이런저런 이야기를 쏟아놓는 가운데 일상을 공유하게 된다.

이런 공유의 시간 속에서 공감과 이해가 이루어진다.

99

chapter 06

어허, 인성보소!

어허, 인성보소!

밥을 먹고 나서 물을 마시는데 내 것만 떠오면 아들이 말한다.

"인성보소!"

나는 얼른 아들 물도 떠다 준다.

게임을 시작할 때 수가 자기 컴퓨터만 전원을 켜고 먼저 시작하려고 하면 현이 말한다.

"어허! 인성보소!"

수는 얼른 현의 컴퓨터에도 전원을 넣고 기다려준다.

옆집 할머니가 지나가시는데 현이 인사를 한다. 수가 미처 할머니를 못 보고 인사를 안 하자 현이 지체 없이 말한다.

"어허! 인성보소!"

이렇게 "인성보소!"는 우리 집 유행어가 되어 있다.

조심할 필요가 없는 사람이 돼라

TV 예능 프로그램에서 박진영 프로듀서가 신인 가수 지망생들에게 이렇게 말한다.

"나는 너희가 좋은 가수가 되는 것보다 인성 좋은 사람이었으면 좋겠어!"

사실 연예인들은 인기가 높은 만큼 관심도 많이 받는지라 일거수일투족이 공개된다. 그러다 보니 작은 실수 하나로도 팬덤(fandom, 열광자라는 뜻의 'fanatic'과 세력 범위라는 뜻의 'dom'이 합쳐진 합성어로, 공통적인 관심사를 공유하는 팬들이 공감과 우정의 감정을 특징으로 형성하는 집단)이 무너진다.

박진영은 칠판에 욕설 몇 가지를 적고 나서 "너희 앞에서 오늘 이렇게 설명해주는 나는(욕을) 했을까? 안 했을까?"라고 물었다. 그러고 나서 솔직하게 말한다.

"나도 예전에는 했어. 사석에서 술을 먹고 재밌게 얘기도 하고 농담도 하고 이럴 때 했었어."

그런 그가 2010년부터 생각이 바뀌어 그런 말을 단 한마디도 하지 않았다고 한다. 어떤 생각이 그를 변화시켰을까?

흔히 연예인, 즉 공인이라면 말조심을 해야 하고 행동거지도 조심해야 한다. 그러나 아무리 조심한다고 해도 언젠가는 '걸린다'는 것이다. 그러면 어떻게 해야 할까? 그의 해법은 아주 간단하다.

"조심할 필요가 없는 사람이 돼라."

굳이 애쓰지 않아도 저절로 좋은 말과 좋은 행동이 나오는 사람이 되라는 게 그의 답변이었다.

'조심할 필요가 없는 사람.'

조심할 필요가 없게 하려면 평소에 좋은 습관을 쌓아야 한다. 좋은 습관이 쌓여 좋은 인성을 갖추게 되고 그 인성을 바탕으로 대인관계와 사회생활이 업그레이드된다. 즐거워진다. 이는 연예인에게만 해당하는 일은 아니다.

'집에서 새는 바가지, 밖에서 샌다'라는 속담이 있다. 나는 밖에서 새지 않도록 하려면 집에서 단단하게 만들어주는 게 부모의 역할이라고 생각한다.

아빠 먼저 실천을

나의 아버지는 스님이시다. 때문에 어릴 때부터 집에서 욕을 하는 사람이 아무도 없었다. 그렇지만 친구들을 만나면 가끔 분위기에 따라 욕을 하기는 한다. 그래도 그때뿐이지 사회생활을 하면서 단 한 번도 욕 때문에 사람들 입에 오른 적이 없다. 딱히 조심해서 말을 하지 않아도 가정에서 사용하지 않는 습관이 몸에 배었기 때문이다.

당연히 우리 집 아들들도 욕을 하지 않는다. 가끔 게임을 할 때 욕을 한마디라도 하게 되면 즉시 아들 이름을 부른다. 그럼 아들들이 "알았어, 미안. 안 할게!"라고 말한다. 행여 모르는 사람과 게임을 할 때 그 사람들이 욕을 하면 우리는 그 게임을 하지 못하도록 하거나 스피커를 끄고 하게 해 욕이 귀와 입에 배지 않게 한다.

한번은 아들들에게 "욕을 하는 것은 매너 없는 행동"이라며 "아빠는 절대로 욕을 하지 않는다!"라고 자랑스럽게 말했다. 그런데 현이가 즉각 이의를 제기했다.

"아빠, 전에 게임할 때 '아이씨' 하던데?"

내가 언제 그랬지? 기억이 없었다. 그러나 지적을 당한 이상 가만히 있을 수는 없었다. 자칫 '어허! 인성보소' 소리를 들을 수도 있었다.

"미안. 다시는 안 그럴게."

약속으로 마무리를 했지만 내심 충격이 오래갔다. 나도 모르게 욕을 했다니…. 아들들은 다 듣고 있었던 모양이다.

욕을 전혀 하지 않기란 말처럼 쉽지는 않다. 그렇지만 아이들은 아빠의 어투를 그대로 따라서 하기에 부단히 노력하고 잘 가꾸며 말하고 행동해야 한다. 가족과 걸어가다가 친구를 만날 때에도 무심결에 거친 말, 이상한 말, 거친 말투 등을 하면 아이는 그대로 따라 배우게 된다. 아이들은 아빠의 말이나 행동을 무의식 중에 모방하면서 배우고 있기 때문이다. 아이들에게 아빠의 말이 욕인지 아닌지 구분하면서 배우기를 기대할 수는 없는 노릇 아닌가.

혹시 걸어가면서, 지인과 통화를 하면서, 게임을 하면서, 운전하면서 욕을 했다면 그 자리에서 아이들에게 사과하고 이 말은 비속어이니 잊어달라고 하는 것도 하나의 방법일 수 있다. 이런 사과를 지속해서 하다 보면 욕을 하는 횟수가 줄어들 것이다.

아들들 덕분에 내 인성이 좋아지고 있다. 내가 아들들을 키우지만, 아들들도 나를 키운다.

장갑 두 켤레 사 온 아들

나에게는 지금 생각해도 참 잘했다고 여겨지는 일이 두 가지 있다. 1995년 내가 고3 때 논술시험을 보러 연세대학교에 갔을 때 일이다. 난 고향이 제주도이고 처음으로 서울을 가 본 촌놈이다. 연세대학교를 겨우 찾아갈 정도였다. 그래서 미리 대강당에 도착해 내가 시험을 볼 의자에 앉아 있었다. 처음으로 보는 논술시험인지라 긴장이 많이 되어 아무 생각이 없었다. 그런데 시험이 시작할 시간이 다 될 무렵 한 학생이 급하게 내 옆자리에 앉았다. 땀을 흘리는 모습이 너무 안쓰러워 보였고, 늦게 와서 당황한 게 역력했다. 나는 처음 보는 사이지만 지금까지 진행 상황과 지금 무엇을 하면 되는지를 천천히 설명해 주었다. 그 친구는 금세 안정을 찾았고, 시험을 무사히 치르고 나왔다. 시험이 끝나자 그는 나에게 전화번호를 주는 것이었다. 정말 고마웠다며 나중에 꼭 연락하라고 했다. 그러나 나는 시험에 떨어져 그 친구와 만날 기회를 얻지는 못했다.

또 하나는 아내와 연애할 때의 일이다. 나는 아내와 장거리 연애를 했다. 나는 전라북도 익산에서 의과대학을 다니고 있었고, 아내는 서울에서 대학원을 다니고 있었다. 그리고 풍족하지 않은 학생이라 새마을호 같은 직행열차를 못 타고 무궁화호를 타고 다녔다. 그 당시 무궁화호는 지금 정차하는 곳의 3배 정도를 세우고, 시간도 익산까지 4시간 정도 걸렸다.

하루는 일요일에 아내와 헤어진 후 영등포역에서 열차를 타게 되었다. 그런데 내 자리에 7살, 8살 정도로 보이는 남매가 앉아 있는 게 아닌가. 그래서 곧 내리겠지 생각하고 그냥 그 자리 앞에 서 있었다. 수원역에 다다르자 남매는 두리번거리면서 좌석 주인이 타는 건 아닌지 긴장한 듯 앉아 있었다. 남매는 아마 입석을 예매한 모양이었다. 그래서 나는 남매가 좀 더 편하게 있으라고 멀리 서서 기다려줬다. 그 이후로는 남매는 '이 자리는 임자가 없구나' 하고 생각하고 있는 듯 편하게 앉아 있었다.

나는 다리가 아팠지만 그래도 남매의 모습을 보고 내가 조금만 더 참으면 다음 역에서 내리겠지 하고 기다렸다. 그런데 남매는 나보다 더 멀리 가는 것이었다. 대전역쯤에서 빈자리가 나서 나도 그제야 자리에 앉아서 왔다. 그리고 익산역에서 내렸다. 편하게 자는 남매들을 보면서 내렸다.

이 일을 생각하면 내 마음이 따뜻해지는 것 같아 가끔 아들들에게 자랑스럽게 말하곤 한다.

하루는 수가 영재학급 캠프를 가는데 준비물이 하얀 면장갑이었다.
학교 가는 길에 마트에 들려 아들에게 사 오라고 했더니 두 켤레를 사
서 왔다. 왜 두 켤레나 샀느냐고 물었다.
"안 가지고 오는 사람이 꼭 있을 것 같아서….."
순간 나는 아들이 너무 자랑스럽고 뿌듯했다. 옆에 있던 아내가 말했다.
"자기 닮아서 그런가 봐."
기분이 너무 좋은 하루였다.

쇼미 더 양보

서귀포에서는 버스를 탈 일이 별로 없다. 거리가 가까운데다 도민들은 대부분 자가용을 이용한다.

가족들과 서울에 여행 가게 되었을 때 나는 일부러 지하철을 탔다. 제주도에는 기차나 전철이 없어서 재미있는 경험이 될 것 같아서였다.

일요일이었지만 지하철에는 승객이 매우 많았다. 자리가 나자 아내가 먼저 앉고 아이들이 그 옆에 앉았다. 나는 서 있었다. 운 좋게 다음 역에서 자리가 나서 나도 앉게 되었다. 그런데 다음 역에서 연세가 조금 있어 보이는 어르신이 우리 앞으로 다가 오셨다. 나는 속으로 쾌재를 불렀다. '이때다!' 하고 그분에게 자리를 양보했다. 아이들은 '아빠가 왜 그러나' 하는 얼굴로 나를 쳐다봤다. 그런 모습을 본 적이 한 번도 없었으니까.

서귀포로 돌아와 서울에서 있었던 이야기를 하다 나는 그때 일을 꺼냈다.

"아빠가 지하철에서 자리를 양보한 거였는데 너희는 어떻게 생각해?"

"처음에는 지하철에서 다 앉아 있는데 군이 양보를 왜 하나 했는데, 자리를 양보 받은 할아버지가 웃으면서 고맙다라는 인사를 할 때 좋은 일이구나 하고 느꼈고, 나도 자리를 양보해야 했구나 하는 생각이 들었어."

수가 한 말이었다.

수도 책이나 학교 수업을 통해 어르신에게 양보를 하는 것을 배웠지만 실천할 기회가 없었던 것이다.

하지만 막상 양보할 상황이 생겨도 양보하는 것이 썩 쉬운 일이 아니다. 그래서 가까운 사람이 양보를 하는 모습을 보고 따라 할 수도 있고 그러다 보면 자리 양보 등을 쉽게 할 수 있게 된다.

나도 어린시절을 되돌아보면 자리를 양보하는 것이 당연하다고 생각하면서도 쑥스럽게 여길 때가 가끔씩 있었다. 그렇지만 자꾸 반복을 하다보면 쑥스럽기보다는 뿌듯하다는 생각이 든다. 지금은 아들들 앞에서는 적극적으로 양보를 한다. 아들들이 보고 있으니까 말이다.

기부의 효과

하루는 절에서 아버지(스님)의 법문을 들었다.

"기부라는 것은 한 바도 없고, 받은 바도 없고, 쓴 바도 없다"라고 하셨다.

이 얘기를 들으면서 지금 여기, 서귀포에서 번 돈은 서귀포에 일부 기부해야 한다는 생각이 들었다. 이후 나는 서귀포시 교육발전기금에 매월 기부하고 있다. 이 기부를 결정할 때 아내와 아들들과 의논을 했다. 처음에는 너무 많이 하는 게 아니냐는 의견이 있었지만 많은 대화 끝에 그렇게 하기로 결정했다. 그리고 종종 작은 기부나 봉사를 한다. 기부하는 것을 아들들에게 보여주는 것도 당연히 중요하지만 왜 기부해야 하는지 설명해주는 것도 중요하다.

마이크로소프트(MS) 창업자 빌 게이츠의 오랜 친구 인 워렌 버핏은 2006년에 향후 20년간 300억 달러를 재단에 기부하겠다고 밝히면서

"멜린다 게이츠가 없었다면 기부하지 않았을 것"이라고 말했다. 빌 게이츠도 "내가 자선사업을 시작한 것은 오로지 멜린다 때문"이라고 말했다. 빌 게이츠의 아내 멜린다 게이츠가 전세계에 내로라하는 억만장자들을 '기부왕'으로 만든 일등공신이었던 것이다. 멜린다는 기부와 봉사에 대해 자기 가족과 가까운 사람들에게 큰 영향을 끼친 것이다.

《기브앤테이크 Give and Take – 주는 사람이 성공한다》의 저자 애덤 그랜트 박사는 베푸는 삶의 성공 가능성을 과학적으로 보여준 인물이다. 받은 것보다 더 많이 주기를 좋아하는 '기버(giver)'와 준 것보다 더 많이 받기를 바라는 '테이커(taker)', 받은 만큼 되돌려주는 '매처(matcher)'의 비교를 통해 베푸는 삶의 성공 가능성을 과학적으로 보여주었다.

수많은 연구 결과를 보더라도 기버는 흔히 말하는 성공의 사다리 맨 아래로 추락하는 경우가 많다. 그런데 놀라운 것은, 그 사다리 맨 위도 역시 기버가 많이 차지하고 있다는 것이다. 많은 증거가 아주 명확하게 보여주는 것은, 기버가 꼴찌를 할 뿐만 아니라 일등도 많이 한다는 점이다.

실제로 노스캐롤라이나주의 영업 사원을 대상으로 조사한 결과, 실적이 나쁜 영업 사원들의 '기버 지수'는 실적이 평균인 영업 사원들보다 25% 더 높았는데, 실적이 좋은 영업 사원들의 기버 지수 역시 평균보다 높았다. 또 최고 영업 사원은 기버였는데, 그는 테이커와 매처보다 50% 높은 실적을 올렸다.

예의가 몸에 배도록 하자

가끔 드라마에서 잘생긴 외국인이 문을 잡아주는 모습이 나온다. 이 모습을 본 사람들은 "역시 외국인이네!" 이렇게 감탄하며 멋있다고 생각한다.

과연 외국인들은 타고난 인성이 좋아서 예의 바른 것일까? 나는 아니라고 생각한다. 외국인들은 어렸을 때부터 예절 교육을 많이 받고 몸에 익숙해져서 자연스럽게 나오는 것이다. 영화 〈킹스맨〉에 나온 명대사. 주인공 콜린 퍼스가 악당들에게 이렇게 말한다.

"Manners maketh man.(예의가 사람을 만든다)"

〈윤식당〉이라는 예능 프로에서 나는 외국인들의 예의를 다시 한번 실감했다. 한가하던 가게에 손님이 한꺼번에 몰려오자 식사 준비가 원활하지 못했다. 물론 윤식당의 직원들이 죄송하다고 했지만 그렇게 한참을 기다리면서도 불평 한마디 없이 묵묵히 기다리고, 직원을 불

러 채근하거나 따지는 모습은 볼 수가 없었다. 음식이 늦게 나와서 죄
송하다는 직원의 말에 '괜찮다'라고 하는 모습이 너무 여유로워 보였
다. 그리고 "아주 맛있다. 새로운 맛이지만 마음에 든다!"라고 긍정적
인 표현을 많이 하는 모습이 참으로 인상적이었다.

낯선 한국 음식을 접하는 그들의 표현에는 타문화에 대한 열린 마음이
배 있었고 직원들에게도 적극적으로 음식에 대해 칭찬을 해주고 수고
했다며 팁을 아끼지 않는 모습을 보니 그 외국인들에게 존경심이 저절
로 들었다. 인내심으로 상대를 배려하고 감사로 상대를 기분 좋게 하
는 자세. 다시금 "외국인들은 몸에 예의가 뱄구나!" 하고 느꼈다.

예의를 알고 익힌다는 것은 단지 좋은 평판을 얻기 위한 기술이 아니라
자신의 격을 높이고 인품을 닦아 주위 사람들과 좋은 관계를 유지하는
데 꼭 필요한 일이다. 나의 아들들에게도 예의가 몸에 배게 하리라.

사실 조금만 여유를 가지고 상대를 배려하면 예의 바르게 행동하기가
쉽다. 하지만 그러한 의식을 뿌리내리는 일은 간단치 않다.

어느 미국 초등학교 카페테리아. 반별로 점심 식사를 마친 아이들이
줄지어 문밖으로 나서는데, 맨 앞의 아이가 문을 잡고 선다. 아이들이
"고마워"라고 인사하자 환한 미소로 답한다. 맨 앞에 섰는데 맨 뒤에
나가야 하니 앞에 서길 꺼리겠다 싶겠지만, 서로 맨 앞에 서고 싶어
한다고 한다.

"고마워"라는 말에 행복해할 수 있다면 얼마나 좋을까.

칭찬에 투자하기

"안녕하세요?"

아파트 엘리베이터 안에서 어르신을 만나면 나는 먼저 인사를 한다. 그러나 현은 인사를 하지 않는다. 내가 '인사해야지'라고 깨우쳐줘야 겨우 한다. 집에 와서 인사를 잘해야 하는 이유에 대해 많은 얘기를 해주었으나 별로 나아진 게 없다.

그러던 어느 날 현이가 아래층 할아버지께(특히 우리 집 아래층이어서 중요한 분이시다) 90°로 허리까지 굽혀가면서 "안녕하세요?" 하고 큰소리로 인사하는 것이 아닌가. 나는 너무 대견하고 뿌듯했다. 집에 와서 세 번이나 칭찬을 해주었다.

"인사를 잘해서 기특하다, 최고다, 네가 자랑스럽다!" 등의 온갖 미사여구를 다해 칭찬을 해주었다. 그것도 세 번이나. 그리고 난 후로 현이는 누구를 만나든 큰소리로 "안녕하세요?" 하면서 허리를 굽혀 인사를 한다. 칭찬은 고래도 춤추게 한다더니!

이 일을 계기로 나는 인성을 쌓는 데는 지적보다 칭찬의 힘이 더 크다는 걸 알게 되었다. 칭찬에 투자할 때 수익이 확실하다. 교육 전문가들은 아들의 경우 이 칭찬이 사실일까 아닐까를 분석하지 않고 마음으로 즉각 흡수하기 때문에 효과가 더 높다고 한다.

욕하지 않기, 문 잡아주기, 엄마 물건 들어주기, 밥 먹을 때 음식 흘리지 않기, 침 뱉지 않기, 쓰레기 아무 데나 버리지 않기 등도 그 행동을 할 때마다 칭찬해 주면 나중에는 몸이 알아서 하게 된다. 여러 해 칭찬을 받으며 하다 보면 쌓지 못할 인성은 세상에 없으리라.

봉사활동 같이하기

아이들은 아빠랑 같이한다면 어떤 일을 하든 좋아한다. 처음에는 같이 하자면 무조건 한다고 한다. 아빠랑 같이 있는 시간이 적어서 같이 있기를 좋아하는 것이다. 그리고 아빠는 엄마보다 잔소리를 덜 하고 편해서 아빠랑 같이하면 뭔가 재미있는 일이 생기리라 생각한다.

나는 1달에 2번 주말이면 요양원에서 촉탁의 진료를 한다. 1시간 정도 회진을 돌면서 어르신들에게 안부 인사를 하고 상태를 살펴서 간호사들과 향후 치료 계획을 의논한다.

수가 5학년이 되던 날 요양원에 진료하러 가는데 같이 가자고 했다. 아들은 당연히 아빠라 가는 곳이니 흔쾌히 따라 나선다. 그런데 현이도 가겠다고 한다. 그래서 1달에 1번씩 가자고 했다. 아들들도 그곳에서 어르신들 손도 잡아주고, 간호사 선생님 카트도 대신 끄는 일을 한다. 즉, 봉사하러 가는 것이다.

3개월째까지는 서로 자기가 가겠다고 했다. 그런데 6개월이 지나니까 이제는 서로 자기 차례가 아닌 것 같다며 서로에게 가라고 한다. 가기 싫어진 것이다. 그래도 봉사라 생각하고 4년째 꾸준히 다니고 있다.

이처럼 아들들은 아빠가 하는 일이나 아빠와 함께하는 일은 좋아한다. 아빠들은 아들들이 싫어하지는 않을까 하고 염려할 필요가 없다. 처음에 아들들은 무조건 한다고 할 것이니까!

'미안해' '고마워' 쉽게 말하기

나는 어릴 때부터 친구들과 다투게 되면 참지 못하고 먼저 "미안해"라고 말해왔다. 아내하고도 다투면 항상 내가 먼저 미안하다고 사과한다. 아내는 그런 점이 나의 장점이란다.(어떤 때는 너무 쉽게 사과한다고 핀잔을 주기도 한다.)

내 친구는 아들이 초등학교 4학년이 될 때까지 한 번도 "미안하다"라는 말을 해본 적이 없다고 한다. 내 기준으로 보면 말도 안 된다는 얘기다. 그 친구에게 자세히 들어보니 아버지가 본래 고집이 센 데다, 당신이 자식한테 잘못해도 단 한 번도 사과한 적이 없었다고 한다.

그럼 진짜 내 친구가 아들들에게 미안한 적이 한 번도 없었을까? 그렇지는 않았을 것이다. 미안한 줄 알면서도 자식에게 "미안해"라는 말을 하지 못하는 것이다.

우리 집에서도 아들 둘이 다투는 일이 종종 있다. 그럴 때 얘기를 들어보고, 잘못한 아들한테 "미안해"라고 사과하라고 한다. 그럼 대충 사과한다. 사과를 들은 아들은 진심이 안 느껴진다고 한다. 그러면서 다시 좀 더 성의 있게 사과하라고 한다. 그러면 그 말을 들은 아들도, 나도 미안하다고 말한다. 이런 과정을 가끔 거치게 된다. 지금은 서로 다투고 해결이 되면 서로 미안하다는 말을 성의 있게 진심으로 한다. '고맙다'라는 말도 마찬가지다. 아들들이 나에게 물을 떠다 주거나, 벨이 울린 스마트폰을 가져다주면 항상 "고마워!"라고 한다. 당연히 아들들이 들어서 익혔으면 해서 반드시 말한다. 그리고 내가 아들의 부탁을 들어주면 "고마워, 아빠!"라고 표현하라고 한다. 처음에는 좀 쑥스러워도 자꾸 하다 보면 익숙해져서 쉽게 말이 나온다.

잘못한 일이 있으면 진심으로 미안하다고 사과하고, 고마운 일이 있으면 고맙다고 말하는 것은 정말 당연한 일이다. 아들들이 그런 잘못된 일이나 고마운 일을 모르리라고는 생각지 않는다. 그렇지만 마음은 있어도 쉽게 말이 안 나오는 게 현실이다. "미안해" "고마워"라고 자기 마음을 정확히 표현할 수 있는 멋진 남자를 만들어보자.

자동차 탑승 예절

현이를 학원에 데려다줄 때마다 느끼는 점이 하나 있다. 아이가 매번 자동차 뒷자리에 타는 것이다. 앞에 타라고 해도 뒤에 누워 편하게 가겠다고 한다. 물론 엄마하고 다닐 때도 뒷자리에 타는 경우가 많았다. 하루는 작심하고 입을 열었다.

"아빠가 학생 시절에는 교련 시간이라는 게 있었어. 내가 교련 시간에 배웠던 것 중에 '자동차 탑승 예절'이란 게 있었거든."

아이들은 자동차 탑승에도 예절이 있는 줄 몰랐다고 했다.

"단둘이 탑승할 때는 보통 조수석에 앉는 것이 예의야. 조수석이 비어 있고 뒷자리에 탑승자가 있다면 운전자가 탑승자를 모신다는 뜻으로 보이거든. 그러니 엄마, 아빠가 데리러 왔을 때 아이들은 조수석에 앉아야 하는 거란다."

아내도 말을 보탰다.

"엄마도 너희들 안전 때문에 뒷자리에 타는 것에 별말을 하지는 않았지만, 기분이 썩 좋지는 않았어. 이제는 초등학교 고학년이 되어 카시트에 앉지 않아도 되어 안전에는 큰 지장이 없잖니."

아이들은 당연히 앞으로는 앞에 타겠다고 말했다. 사실, 아이들은 누구도 가르쳐주지 않아서 자기도 모르는 사이에 예의 없는 사람이 되어간다. 아이들이 자동차에서 편하게 있으라고 하는 부모의 마음도 이해를 하겠지만, 지켜보는 사람들도 걱정스럽다.

"아빠 옆에 앉으면 차를 타고 가는 동안에 대화를 할 수 있어 좋잖아. 아빠는 그게 참 좋은데, 엄마도 그럴 거고."

아이들이 수긍하는 태도에 나는 기본적인 자동차 탑승 예절까지 종합 선물 세트로 안겨 주었다.

① 흙이나 모래가 묻었을 때는 신발을 털고 탑승하자.

② 운전에 방해되는 행동을 하지 말자.

③ 운전자의 허락 없이 음식물을 먹지 말자.

④ 차에서 내릴 때 문콕 사고가 나지 않게 조심하게 열자.

⑤ 운전자의 음악이 맘에 안 든다고 미디어 기기를 만지지 말자.

⑥ 조수석에 발을 올리지 말자.

⑦ 운전에 방해되니 크게 얘기하지 말자.

밥상머리 이야기

네 식구가 밥상에 앉는다. 누구의 손에도 스마트폰은 없다. 수가 그날 있었던 일을 이야기한다. 현도 그날의 일을 말한다. 아내와 나는 끼어 들지 않고 그 이야기를 듣기만 한다. 아이들의 말이 끝나면 나도 아내 도 하루에 있었던 일을 나눈다. 서로 떨어져 지냈지만 자유롭게 이런 저런 이야기를 쏟아놓는 가운데 일상을 공유하게 된다. 이런 공유의 시간 속에서 공감과 이해가 이루어진다.

"아이들도, 아내도 종일 수고했구나. 힘들었겠다."

토론을 하는 날도 있다. 가령 학원을 가기 싫은데 어떻게 할지. 친구 들과 주말에 놀러 가려고 하는데 어떻게 해야 할지. 아들의 이런 요구 사항에 대해서는 미리 아내와 조율을 해놓는다.

이슈가 있는 날은 그 일에 대한 자기 생각을 말한다. 어떤 스포츠 스 타가 잘못된 행동으로 타의에 의해 퇴출 위기에 있다던가 또 학원 폭 력이 일어났다던가 하면 '나'라면 어떻게 대처할지 등 다양한 이야기를 나눈다. 이때는 표정 관리가 중요하다. 나의 표정에 아들이 말을 끊을지도 모르기 때문이다.

어떤 날은 기숙사 생활을 놓고 토론한다. 육지(부산광역시)에서 고등학교에 다녀야 하는 수에게는 반드시 필요한 이야기다.

평소에 아이들이 내게 하고 싶었던 말이나, 내가 아이들에게 해주고 싶었던 이야기도 밥상에서 주로 이루어진다. 어떤 주제는 밥을 다 먹고 나서 천천히 이야기해준다. 공부를 해야 하는 이유나, 항상 겸손해야 하는 이유 등을 설명하려면 긴 시간이 필요해서다. 그러나 민감한 이야기나 논쟁의 소지가 있는 대화는 가급적 피한다. 대화가 이어지는 게 더 중요하기 때문이다.

우리 집 밥상에서 아빠인 나의 중요한 역할은 딱 하나! 가족과 식사하기 위해 정시에 퇴근하기다! 외식할 때도 우리의 밥상머리 대화는 끊임이 없다. 왜? 스마트폰을 차에 두고 내렸기 때문이다.

겸손에 대하여

우리집 가훈

내가 지은 우리 집 가훈은 '겸손하면'이다. 내가 의사가 되고 돈을 벌면서 초심을 잃지 않고 자만하지 않기 위해 만들었다. 또한 아들들이 부족한 것 없이 자라면서 혹시나 자만심에 빠지지 말라고 이렇게 지었다.

그림의 액자는 우리 집 거실에 걸려있는 액자다. 글씨는 아버지가 써주셨는데, 명필이 아닌 겸손한 글씨이다. 집에 들어와서는 한 번은 꼭 보게 된다. 그리고 거의 매일 겸손하게 생활했는지를 생각해본다.

아들들에게 꼭 이것만은 명심했으면 하는 것이나 인생에 있어서 이것만은 꼭 했으면 하는 것은 가족들과 의논해서 크게 써서 붙여놓자.

나도 항상 아들들이 겸손했으면 좋겠다. 그래서 우리 아들들에게 겸손해야 한다는 말을 자주 한다.

겸손한 자세

지역의사회에서 20년 넘게 내과 의사를 하고 있는 개원의 원장님과 대화를 하게 되었다. 원장님은 젊었을 때는 당신이 최고라고 생각했다고 한다. 그래서 당신을 못 믿고 다른 병원에 가서 진료를 받고 오면 몹시 화를 냈다고 한다. 그렇지만 시간이 지나면서 당신이 못 알아내는 진단이 많고 오진을 하다 보니 최고라는 생각이 없어졌고 겸손해졌다고 한다. 지금은 자기를 안 믿고 다른 병원을 다녀와도 잘했다고 하신단다.

개원을 한 후 우리 병원에는 어르신들이 많이 오신다. 병원이 2층이지만 힘겹게 올라오시는 것이다. 나는 진료실 문을 열어드리기도 하고 나가실 때도 거동이 불편하시면 문을 열어드리고 손을 잡아드린다. 병원에 오시는 분들이 그런 모습을 보면서 좋아하신다.

당연히 불편한 증상을 치료해 드리려고 하지만 약을 드시고도 더 아파하면서 다시 오시는 분들이 가끔 있다. 그럴 때면 "제가 낫게 해드려야 하는데 그렇지 못해 죄송합니다"라고 말하며 낮은 자세로 어르신들을 진료한다.

이렇게 겸손한 자세로 진료하다 보면 환자분들이 나를 믿고 진료를 받게 되는 것 같다. 나는 최선을 다해 진단하고 치료한다. 모든 의사가 다 그럴 것이다. 그렇지만 그 의사가 능력이 있는지 최고의 의술을 펼치는지에 대한 판단은 환자들의 몫이다.

원훈

의사가 되려면 일단 공부를 잘해야 한다. 사회에 나오면 일정 금액 이상의 돈을 벌게 된다. 그리고 지금 고등학생들도 의대에 입학하기 위해 엄청난 노력을 하고 있다. 그만큼 선망의 직업이라고 할 수 있다. 그러므로 의사들이 잘났다는 것은 세상이 다 안다. 말을 안 해도 안다. 그래서 나는 의사들에게는 겸손이 더 중요하다고 생각한다. 자신이 잘난 것을 주변 사람들이 다 아는데 굳이 그것을 자랑할 필요가 있을까.

아들들이 공부를 제법 한다. 나는 항상 아들들에게 공부를 잘하는 것을 자랑할 필요는 없다고 가르친다. 왜냐하면 아는 사람은 거의 다 알고 있기 때문이다. 그것보다 자신을 더 빛나게 하는 것은 겸손한 자세이다. 겸손은 누구를 위한 것이 아니라 바로 자신을 위한 것이다.

개원을 하고 나서 원훈을 '겸손하면'이라고 걸어 놨다. 우리 집 가훈과 마찬가지다.

겸손한 자세를 가져야 환자들이 편안하게 자신의 증상을 이야기할 수 있다. 그리고 나 역시 증상들을 잘 경청해야 정확한 진단과 처방을 내릴 수 있다.

수와 현

내가 책을 내기 위해 글을 쓰고 나서 가장 걱정했던 일은 가족들의 사생활이 노출될 수 있다는 것이었다. 아내와 나는 성인이기에 자신의 의사를 명확히 해서 책에 내용이 쓰여 있다. 그렇지만 아들들 관련한 내용은 그렇지 않다. 그래서 초고를 아들들에게 읽어보게 했다. 그리고 수정할 부분이 있으면 체크해달라고 했다.

수와 현이는 읽어보고 사실과 다른 내용이나 읽기 거북한 내용, 부끄러운 부분들을 말해주었다. 그런 부분은 삭제하고 수정했다. 아들들의 이름도 지우기로 했다. 가명을 사용하는 것이 좋겠다는 결론에 이르렀다. 아들들은 자신의 이름을 쓰면 초상권 침해라고 하면서 나중에 소송을 걸 수도 있다고 나에게 겁을 주는 것이었다. 물론 농담이 섞여 있기는 했다. 현이는 문화상품권으로 초상권에 대한 보상을 해달라고 하고, 수는 책이 유명해지는 것을 보고 나서 결정하겠다고 한다.

내가 아는 작가도 아이들의 이름은 그대로 넣었다가 아이들이 성인이 되면서 미안한 마음이 들었다고 한다. 지금 어린 나이에 아들들은 아빠가 책을 쓰고 그 책에 내 이름이 있는 것이 그냥 좋다고 생각할 수 있다. 그렇지만 성인이 되었을 때 어릴 때 모습이 가감 없이 나온 글을 읽으면서 창피할 수도 있고 글을 지웠으면 하는 마음이 들 수 있다. 우리가 어릴 때 앨범에서 자기 사진을 볼 때 보기 싫다 하는 마음과 같지 않을까 싶다.

그래서 아버지에게 부탁을 드렸다. 아들들의 필명을 지어달라고 했다. 아버지는 커가면서 다른 이름이 하나쯤 더 있는 것도 좋은 일이라고 하면서 기꺼이 지어주셨다.

첫째는 머리 수, 둘째는 어질 현 이렇게 작명해주셨다.

큰아들도, 작은아들도 아닌 그냥 아들

수가 상을 타거나 단어시험 100점을 맞으면 주말에 게임 1시간이 추가된다. 이때 현에게도 게임 30분의 '선물'이 주어진다. 현이가 게임을 하면서 '형 덕분에 한다'고 웃으면서 수에게 말한다.

현이가 손톱을 물어뜯지 않아서 상으로 게임 1시간을 받으면 수도 30분을 선물 받는다. 이번에는 수가 게임을 하면서 말한다. "동생 덕분에 하네." 둘이 웃으면서 게임을 한다.

사이좋은 형제·부모에게 이보다 더 흐뭇한 게 또 있을까.

한번은 아버지가 집에 오셔서 수 이야기를 많이 하셨다. 수가 공부를 잘하는 것이 기특해서 그러시는 것을 모르지 않지만 나는 부탁을 드리지 않을 수 없었다.

"아버지, 손자 둘이 함께 있을 때는 수가 공부 잘하는 얘기는 안 하셨으면 좋겠어요."

탈무드에 "형제의 개성을 비교하면 모두 살리지만, 형제의 거리를 비교하면 모두 죽인다"라는 말이 있다.

어릴 때부터 각자의 개성에 초점을 맞추지 않고 자꾸 성적에 초점을 맞추다 보면 서로 경쟁자가 되기 마련이다. 각자의 개성에 초점을 맞추어 서로 도와줄 수 있는 환경을 만들어줘야 커가면서 서로 조력자의 역할을 할 수 있다. 공부를 잘하는 것은 좋은 것이고, 못하는 것은 나쁜 것이 아니다. 각자 잘하는 것을 찾아내고 발전시켜야 한다. 나는 반복해서 말해준다.

"형제는 경쟁자가 아니라 조력자"라고.

현이 와서 "형이 스마트폰을 하고 있다"고 고자질한다. 수도 현에 대해 고자질을 하곤 한다. 하루는 서로 너무 많은 고자질을 하기에 나는 판결문(?)을 낭독했다.

"실정법에서는 불법으로 얻은 정보는 인정하지 않는다."

"앞으로 너희가 말한 내용은 아빠, 엄마가 직접 보고 들은 내용이 아니기에 인정하지 않겠다."

고자질은 형제간의 우애를 깨는 주 요인이다. 부모가 일정한 원칙을 가지고 고자질을 인정해주기는 쉽지 않다. 그래서 아예 고자질 자체를 인정해주지 않는 편이 좋을 것 같았다.

그 이후로는 고자질이 줄어들었다.

동생이 형을 따라하고 싶은 것은 당연하다. 그렇지만 형은 계속 따라하는 동생이 매우 귀찮다. 현도 수에게 질문도 많이 하고 수가 하는 놀이 등을 따라 하려고 한다. 수는 놀아주고 싶지만 놀기 싫을 때도 있다. 이것을 이해하지 못하는 현. 누가 옳고 그름의 문제가 아니기에 부모로서 우리가 끼어들 수가 없어 안타까웠다.

어느 날 조카가 우리 집에 놀러왔다. 1주일 동안 같이 지내게 되었는데 현이가 첫 2~3일 동안은 사촌동생에게 잘해주었다. 만 5일째부터는 귀찮아하는 것이 눈에 보였다. 질문에도 건성으로 대답하고, 놀아주는 것도 성의가 없어졌다.

사촌동생이 가고 난 후 엄마가 아이에게 말했다.

"너도 가끔은 동생이 귀찮았지, 형도 가끔은 너랑 노는 일이 귀찮을 수도 있어. 너를 미워하거나 싫어해서가 아니야!"

이제 수의 차례만 남았다. 자기보다 위인 사람과 좀 지내다 보면 동생을 입장을 이해하게 될 것이다.

어느 날 문득 '작은아들이 '작은'이라는 말에 기분이 상하고 큰아들이 '큰'이라는 말에 부담되지 않을까' 하는 생각이 들었다.

그 무렵, 서울의 한 초등학교 교장선생님이 학생들의 이름을 불러주자는 뜻에서 직접 만든 학생 이름표를 학생들에게 달아주는 이름표 전달식을 가졌다는 것을 알게 되었다. 많은 학생들을 상대하자면 일일이 이름을 외우기가 쉽지 않다는 이유로 '몇 반 몇 번'으로 부르는 것을 당연하게 여겨왔었다.

"아이들이 특별한 또는 행복한 학생이 되는 계기도 어쩌면 아이들의 이름을 불러주는 단순한 활동에서 시작되는 것이 아닌가 생각한다"는 교장선생님의 말씀을 들으며 5년 전 아내가 했던 말이 생각났다. 아내는 '여보'라는 호칭보다 이름을 불러달라고 했다. 그게 더 애틋한 감정이 들어있다고. 그 때는 이름을 불러주는 게 왜 그리 좋을까 생각했었다.

이름을 불러주는 것이 소통의 시작이며 존중어린 배려라니. 아, 이름 부르기가 이렇게 중요한 거구나. 나는 스마트폰을 꺼냈다. 큰아들이라 쓴 번호를 '수'로, 작은 아들 번호는 '현'으로 바꿔 적었다. 아무리 매일 대하는 아들들이어도 나한테는 너무 소중한 똑같은 아들이기에 나한테는 큰아들, 작은아들이 아닌 수와 현이다.

내가 둘을 똑같이 대할 때 아들들은 우월감과 열등감이 없는 좋은 인성을 가지게 될 것이다. 또한 서로 경쟁자가 아니라 조력자로, 나이가 들어도 좋은 관계를 유지하지 않을까 싶다.

자유로운 영혼

시험을 잘 보거나 상을 타 오면 칭찬을 해준다. 당연하다. 노력의 결과물에 대한 칭찬을 반드시 해주어야 한다. 수학경시대회에서 상을 타려면 어려운 문제들을 수없이 풀어봐야 하고, 피아노 콩쿠르에서 상을 타려면 혹독한 연습을 해야 한다. 상은 노력에 대한 결실이다.

그렇지만 우리 사회는 객관적으로 보이는 현상에 집중하는 경향이 있다. 시험을 못 보거나 상을 못 탄다고 해서 잘못된 것은 아니다. 당연히 못하는 것도 아니고, 비난을 받아야 하는 것도 아니다. 왜냐하면 다 개인성이 있기 때문이다. 이 개인성에 대해 칭찬을 해야 하지만 객관적 지표가 없거나 현실성이 없다고 해서, 또는 그 나이에는 이해가 안 되는 행동이라고 해서 칭찬을 하지 못하는 게 현실이다.

그러나 사회에서 칭찬을 받지 못한다 하더라도 우리 부모들은 자녀들의 개인성에 대해 칭찬해주어야 한다.

다음은 현에 대한 이야기이다. 현이 가지고 있는 자유로운 영혼에 대해 칭찬해주는 이야기다. 처음에는 칭찬해주기보다는 주의를 주는 게 현실이었다.

현은 대인관계에서 아주 뛰어난 장점을 지니고 있다. 누군가를 만나도 친근하게 대한다. 처음 보는 친구를 만나도 금방 친해지고, 과외 선생님들에게 전화를 해서 숙제가 뭐였느냐고 친근하게 질문하고는 한다. 그리고 어디를 가든 자기 집처럼 편하게 앉거나 눕기도 한다.
어느 날 내가 속한 모임에 데리고 간 적이 있었다. 나보다 나이 많은 원장님들이 현을 보고는 귀여워서 질문도 하고 용돈도 주셨다. 그런데 평소에 장난 끼가 많은 아들이 여기에서는 공손히 대답도 잘하고, 조용히 밥을 먹고 있는 게 아닌가. 나는 의아했다.
그리고 귀가하는 길에 현이에게 "힘들었지? 조금 불편했을텐데…" 하고 위로해주려고 하니 아이가 웃으면서 "힘들다. 삼촌들 맞춰주려고 하니 힘드네…" 이러는 게 아닌가.
나도 "잘했어. 현이 덕분에 아빠 기가 살았어"라고 말해 줄 수 있었다.

현과 함께 밤샘 캠프를 할 때였다. 지인 작가님을 초대해서 강의를 듣고, 모인 학생들과 대화를 나누는 시간을 가졌다. 이때 현이 질문도 많이 하고 자유롭게 자기 생각을 말하는 바람에 나는 작가님과의 대화 시간을 방해하는 것은 아닌지 걱정이 되었다.

그때 작가님이 웃으시면서 현에게 "넌, 자유로운 영혼이구나, 참 멋있다! 네가 갖고 있는 그 많은 에너지를 잘 갖고 있다가 어느 순간 필요할 때 멋지게 펼치렴" 하고 격려의 말씀을 해주셨다.

나는 그 순간 작가님의 말씀에 깜짝 놀랐다. 현의 개인성을 알아봐주시고 그것을 장점으로 승화시켜주는 순간 현의 자존감은 분명 크게 향상되었으리라. 나도 그때부터 현을 자유로운 영혼이라고 가끔씩 부른다. 그리고 예의를 벗어나지 않는 범위 내에서는 현의 행동을 칭찬해주려고 노력한다.

부모들은 사회에 나가기 전에 아들들의 개인성을 이끌어 내도록 도와주어야 한다. 아들들은 부모의 칭찬에 따라서 이 행동이 옳은지 그른지를 판단한다.

발명왕 토머스 에디슨의 일화처럼 닭이 알을 품고 병아리가 되는 것이 너무 궁금하여 자기가 스스로 알을 품었을 때 그 모습을 본 어머니는 에디슨의 호기심에 대해 칭찬해주었다. 아들의 개인성을 알아봐주고 칭찬해준 것이다.

미국의 존경받는 기업인이자 세계적인 투자가인 워렌 버핏은 자신이 후회 없는 삶을 살아온 사람처럼 보일 수도 있지만 그 나름대로 인생에서 후회하는 점도 있다는 말을 했다. 그 중 하나가 11살 때부터 주식을 시작한 것이라고 한다. 다시 태어난다면 5살이나 7살 때부터 시작하고 싶다는 것이다. 한정되어 있는 시간의 중요성을 누구보다도 정확히 알고 있기에 이런 말을 했으리라.

만약 주식하는 것을 위험하게 여기는 우리나라에서 아들들이 워렌 버 핏과 같은 생각을 하고 있다면 부모들은 잘못된 행동이라며 자녀들을 꾸짖을 것이다. 그렇지만 에디슨의 어머니와 같이 이런 개인성을 알 아봐준 워렌 버핏의 부모도 아들의 모습에 칭찬과 격려를 아끼지 않 았고 조언도 해주었다.

수와 현은 많이 다르다. 수는 어묵을 좋아하고 현은 떡을 좋아한다. 수는 책읽기를 좋아하고 현은 운동을 좋아한다. 한 부모에게서 똑같 은 환경에서 자랐지만 많이 다르다. 그래서 나와 아내는 둘이 가지고 있는 개인성을 찾도록 도와주려고 한다.

나의 경험을 반추해보면 사회에서는 자신이 잘하고 좋아하는 일을 경 험하는 일이 많아진다. 자식이 사회생활을 할 때까지는 자식들이 틀 리지 않았고, 다른 사람과 다른 개인성을 갖고 있다는 것을 느끼게 해 주는 것이 부모의 역할이다.

공부든 운동이든 예술이든 어떤 분야에서 친구들보다 평균에 미달되 는 능력을 갖고 있다 하더라도 "너는 부족하다, 안 된다"라는 사회의 부정적 고정관념을 버리게 해주어야 한다. 자식들이 좋아하고 잘하는 것은 반드시 있다. 우리는, 부모는 그것을 이끌어주는 조력자가 되어 야 한다.

오냐오냐

현이도 6학년이 되더니 역시나 사춘기가 조금씩 오는가 보다. 이제는 자기주장을 많이 펼치고, '싫다'라는 표현도 정확하게 한다. 이런 현을 보고 우리 부부는 당연한 과정이기에 지켜보고 더 잘해줘야지 하면서 지내고 있었다.

어느 날 수와 헬스장을 갔다가 나오면서 "요즘, 현이 사춘기가 오는 것 같지?"라고 내가 수에게 물었다. 수가 하는 말이 "아빠, 엄마가 오냐오냐 키워서 그래!!" 이러는 것이었다. 나는 한참을 웃었다. 그러고는 "너를 더 오냐오냐 키웠는데…." 이랬더니 "아니야, 아빠! 나한테는 잘못했다고 꾸중도 하고 잔소리도 많이 했는데 현에게는 화도 안 내고 그냥 잘한다고만 하잖아!!"라고 한다.
이 대화는 긍정적인 분위기에서 웃으며 했는데 어쩌면 수의 생각이 들어간 솔직한 대화였다.

그 후에 이런 일도 있었다. 현이 중학교 1학년 때 패밀리 레스토랑에 갔다. 이 식당은 식사를 한 다음에 후식을 직접 가지고 오는 곳이다. 그래서 나는 식사를 빨리 마친 현에게 말했다.

"아빠 커피 한잔 부탁해."

그러자 현은 커피를 가지러 갔다. 그런데 생각해보니 나는 현에게는 처음으로 커피를 부탁한 것이다. 수가 더 크니 당연히 뜨거운 커피는 수에게만 부탁을 했던 것 같다.

갑자기 나는 걱정이 되어서 수와 아내에게 "잘 가지고 올 수 있을까? 내가 가봐야 하나?" 하자 아내는 이렇게 말했다. "여보야, 너무 오냐오냐 키운다. 할 수 있어!"

수는 나를 놀리듯이 "나는 초3부터 한 일입니다. 아빠는 너무 오냐오냐야" 그런다.

아들 둘을 키우면서 서로 동등하게 키우려고 노력하고 있다. 그런데 가끔씩 나도 수에게는 조금 엄격하고 동생인 현에게는 조금 봐주고 있는 것을 느낀다. 의식적으로 노력을 하는데도 이런 경우가 발생하는 것이다. 수에게는 이런 점이 보이나 보다.

의식하지 않고 형제를 키우다 보면 뜻하지 않은 상처를 남길 수도 있겠다는 생각이 들었다. 부모는 자식을 차별하지 않은 경우가 대부분이라고 하지만 자식들의 마음에는 차별당했던 작은 일들이 기억에 남는다. 의식적으로 동등하게 자식들을 대하려는 노력이 필요한 이유이다.

강의노트 6

사회에 나가기 전에 키워야 하는 것들:
인성, 매너, 배려, 겸손

삼성그룹 전 인사담당자가 한 매체와의 인터뷰 중 "요즘 기업들이 직무와 전문성 위주로 직원을 채용하지 않습니까?" 라는 질문에 "사실이 아닙니다. 직무 면접에서도 인성 평가가 거의 50%를 차지합니다. 일은 들어와서 얼마든지 가르칠 수 있지만, 인성은 가르칠 수 없거든요. 겉으로는 직무 평가로 뽑겠다지만, 실제 판단은 그렇게 하기 어려워요"라고 답했다.

일본 고베 대학의 니시무라 교수팀은 '거짓말하면 안 된다' '타인에게 친절해야 한다' '규칙을 지켜야 한다' '열심히 공부한다'는 네 가지 기본적인 항목을 갖고 가정에서 교육받은 집단과 전혀 그렇지 않은 집단을 비교하는 실험을 했다.

그 결과 부모에게 인성교육을 받은 집단의 연봉이 86만 엔(한화 940만원) 정도 높았다.

구인구직 매칭 플랫폼 '사람인'이 2019년 9월 기업 인사담당자 390명을 대상으로 '가장 뽑고 싶은 신입사원 유형'을 조사한 결과, 인사담당자들의 50.3%가 태도가 좋고 예의가 바른 '바른 생활형' 지원자를 첫 손으로 꼽았다. 신입사원 채용 시 가장 중요하게 평가하는 요소를 묻는 질문에는 인사담당자 10명 중 6명(60.3%)이 '인성 및 태도'라고 답했다. 그것이 조직에 대한 적응력과 미래 성장 가능성의 기반이 되기 때문이라는 것이다.

인성은 천성이 아니다. 인성은 쌓는 것이다. 인성을 쌓는 일은 부모의 역할이 크다. 그중 가장 쉬운 방법은 밥상머리 교육일 것이다.

밥상머리 교육은 오래 전부터 많은 교육전문가들에게서 나온 말이다. 밥상머리 교육을 잘하는 가정의 아이들은 지능과 정서, 신체가 건강해지고 가족 간의 유대관계가 좋아진다.

《밥상머리의 작은 기적》이란 책에서 보통 성적과 상위권 성적 학생들의 가족식사 횟수를 알아본 결과 상위권 학생들은 일주일에 6회~10회 이상의 식사를 함께한다고 한다. 가족 간의 소통과 정서적 안정이 성적에도 커다란 영향을 미친다는 것을 보여주는 작은 실례이다.

인성, 매너, 배려, 겸손은 조금씩 다르게 쓰이지만 서로 떼어서 말할 수 없는 단어들이다. 지하철 안에서 어르신에게 자리를 양보하는 것을 보고 매너가 좋다고 볼 수도 있고 남을 배려하는 마음이라고 볼 수도 있다. 유명 개그맨 유재석을 보고 항상 겸손한 사람이라고 한다. 그리고 인성이 좋다고 한다. 이처럼 4개의 단어는 서로 얽혀 있다.

유년기에서 청소년기는 인성, 매너, 배려, 겸손을 쌓는 시기이다. 대가족 시대에는 많은 구성원들에게 자연스럽게 보고 배우게 된다. 그러나 지금처럼 가족 구성원이 아빠, 엄마, 아들들인 경우에는 자연스럽게 배울 수 있는 기회가 적어졌다. 그래서 부모가 이를 키우기 위해서 인위적인 노력을 기울여야 한다.

회사에 취직해서 하는 엑셀 사용법, 파워포인트 사용법, 운전기술, 아르바이트를 할 때 숯불을 피우는 법, 커피 만드는 법 같은 것들은 우리 부모가 해줄 수 있는 영역이 아니다. 자녀들을 사회에 내보내야 하는 부모들은 이런 기술적인 것은 아니지만 아주 중요한 것을 쌓을 수 있게 해준다. 그것은 인성, 매너, 배려, 겸손이다. 이것이 사회에 나가서 그 사람의 첫인상을 결정하게 하고 일하는 중에도 그 사람을 평가하는 가장 중요한 잣대이다. 이것을 가정에서 배우고 익혀서 몸에 배도록 해야 한다. 이 역할이 부모의 몫이다.

아들이 멋진 남자로 자라길 바란다면 아빠부터 달라져야 한다. 아내와 상의해서 나쁜 습관 리스트를 작성해서 이를 고쳐야 한다. 집에서 담배피우기, 술 취해서 들어오기, 침 뱉기, 다리 떨기, 운전하면서 욕하기, 의자에 삐딱하게 앉기 등 지금 아빠의 모습이 바로 아들의 미래의 모습일 수 있고 나중에 이런 소리를 들을 수 있다. "아빠 닮아서 그래…."

자식들은 부모의 말을 기억하는 것이 아니라 부모의 행동을 따라한다. 성실한 아이가 되길 바란다면 부모부터 규칙적인 생활을 하고 늦게까지 TV를 보거나 늦게까지 회식하는 모습을 보여주지 말아야한다.

아이가 스마트폰을 하지 않기를 바란다면 부모가 집에 와서 SNS를 하지 말고, 밥을 먹을 때나 샤워를 할 때도 스마트폰을 보지 말아야한다. 술에 대해 우리나라는 아직도 관대하다. 아들들에게 과음 습관을 물려주지 않고 싶으면 집에서 마시는 술이 괜찮다는 생각을 버려라. 아들들은 집에서 마시는 술을 보고 술에 대해 관대해지게 마련이다.

밥상머리 교육에서 가장 중요한 것은 아빠의 퇴근시간일 것이다. 평일에는 회식, 야근 등에 의해 퇴근 시간이 늦어지는 경우가 많다. 주말에도 운동(골프, 등산 등), 약속 등이 생겨서 아이들과 식사를 하는 경우가 쉽지는 않다. 그렇다고 아침식사 시간에 밥상머리 교육을 하기에는 아침시간이 넉넉하지 않다. 그래서 밥상머리 교육에 가장 중요한 중 하나가 아빠의 참여다. 앞에서 말했듯이 자녀교육에 있어 그야말로 아빠의 역할은 필수이다. 그런 점에서 다른 중요한 약속과 일보다 밥상머리 교육이 더 절실하고 중요하다는 것을 알아야 한다.

마지막으로 아이들에게 꼭 이 사실을 알려줘야 한다. 인성, 매너, 배려, 겸손을 키우는 일은 남을 위한 일이 아니라 자기 자신을 더욱 빛나게 하려고 하는 것임을 말이다.

대화를 잘하기 위한 지침

❶ 사소하고 일상적인 주제를 중심으로 대화하라

❷ 상대방에게 배우는 마음으로 대화하라

❸ 먼저 경청하라

❹ 공통점을 찾아 대화하라

❺ 반응하고 공감해라

❻ 한 번에 길게 말하지 말고 짧게 자주 말하라

❼ 격려하고 용기를 주며 칭찬해라

❽ 수직적, 일방적 대화가 아닌 수평적, 상호적 대화를 나누라

❾ 말보다 태도가 먼저인 사실을 기억하라

❿ 섣부른 판단과 논쟁은 금물!

유대인식 밥상머리가 가져다주는 자녀교육 효과

❶ 올바른 인성이 길러진다

❷ 언어의 달인이 될 수 있다

❸ 소통을 잘하는 사람이 된다

❹ 오감이 발달된다

❺ 건강한 삶을 영위할 수 있다

❻ 자기만의 개성을 찾게 된다

❼ 창의력이 발휘된다

❽ 행복한 인생을 설계하게 된다

"

보상은 시험 점수 같은 결과를 보고 해주는 것이 아니라 '독서'나 '영어단어
암기', '숙제' 같은 과정을 보고 해주어야 한다. 하버드대학 교수 프라이어
박사는 시험을 잘 쳤을 때 주는 보상과 책을 읽었을 때 주는 보상을 두고 비교했다.
결과는 책을 읽었을 때 주는 상이 학력테스트 결과를 보고 주는 상보다
훨씬 효과가 있었다. 투입요인, 즉 과정을 보고 보상을 준 경우 아이들은
무엇을 해야 하는지 정확히 알 수 있다. 숙제를 하고, 단어를 외우고,
독서를 하는 구체적인 것을 알고 있고 실천할 수 있다.
그러나 산출요인, 곧 결과를 보고 보상을 해주면 시험을 잘 보기 위해 무엇을
어떻게 해야 하는지에 대한 답을 스스로 찾기란 쉽지 않다.

"

chapter 07

공부의 진실

내가 맞았다!

막내 처형은 초등학교 선생님이다. 공부하는데 옆에서 아빠가 지켜본 그룹이 가장 효과가 좋았다는 연구 결과가 있다며,《데이터가 뒤집은 공부의 진실》이라는 책을 소개해 주었다.

이 책을 사고 나서 순식간에 다 읽었다. 그리고는 읽는 중간 중간에 흥분하면서 아내에게 내용을 하나씩 보여주었다. 내가 하는 방식이 이 책에서 객관적으로 증명되어 있다고, 내가 하고 있는 자녀 교육이 잘못된 방식이 아니라는 것을 이 책이 증명하고 있다고.

솔직히 내심 고민이 있었다. 인센티브를 제공하여 공부에 대한 동기 유발을 하는 것이 과연 옳은가? 게임을 시켜줘도 되는가? 아빠는 어떻게 하는 게 가장 좋은가?

주위 사람들에게도 물어보고, 조언도 구하고, 책도 읽어 봤지만 경험을 써놓은 책들은 많아도 객관적 데이터를 갖고 말해주는 책은 드물었다.

내가 내과 레지던트 시절 가장 큰 이슈가 되었던 말이 있다. EBM (evidence-based medicine) : 근거중심의학(근거바탕의학)은 치료 효과, 부작용, 예후의 임상연구 등 과학적 결과에 의거하여 시행하는 의료를 말한다. 10년이 지난 지금 의학계에서는 근거(evidence)가 없이는 어떤 치료도 인정하지 않는다. 뉴스도 팩트 체크의 시대, 팩트나 데이터는 생각과 행동을 움직이게 하는 필수요인이 아닐까 한다.

팩트 체크

A. 보상은 바로바로

아이들은 먼 장래를 생각하면 공부를 열심히 해야 한다는 것을 알지만, 당장 놀고 싶은 까닭에 현재의 만족이 더 크게 다가온다. 결국 '공부는 내일부터 하자'며 미루고 만다. 따라서 '눈앞의 당근' 작전은 이런 특성을 이용해 아이들이 공부를 미루지 않고 지금 즉시 하도록 만드는 전략 중 하나다.

우리 집의 당근은 게임이다. 보상을 돈으로도 할 수 있으나 아들들은 돈을 저축해도 바로 당장 도움이 되거나 만족을 주는 것이 아니어서 좋아하지 않는다. 그러나 게임은 코앞의 보상이다. 그것도 바로바로 주어지는 것이다. 아이들이 어떤 보상을 받기를 원하는지를 아는 것이 중요하다.

미리 정해져 있는 게임 시간도 이번 주에 할 일을 다하고 나서 할 수 있다. 학원과 숙제 등을 다하고 나서 금요일, 주말에 게임을 할 수 있다. 세부적으로 숙제를 못 하거나 해야 할 일을 못할 경우에는 게임하는 시간이 줄어들 수 있다.

그래서 아들들과 그날그날 해야 할 일에 대해 다투는 일이 없다. 왜냐하면 아들들에게는 눈앞에 있는 게임 시간이 소중하기 때문이다. 자기들이 숙제 등을 안했을 경우 주말에 끔찍한 일이 벌어지는 것을 알기 때문이다.

B. 결과보다 과정에 보상하기

보상은 시험 점수 같은 결과를 보고 해주는 것이 아니라 '독서'나 '영어단어 암기', '숙제' 같은 과정을 보고해 주어야 한다.

하버드대학 교수 프라이어 박사는 시험을 잘 쳤을 때 주는 보상과 책을 읽었을 때 주는 보상을 두고 비교했다. 결과는 책을 읽었을 때 주는 상이 학력테스트 결과를 보고 주는 상보다 훨씬 효과가 있었다.

투입요인, 즉 과정을 보고 보상을 준 경우 아이들은 무엇을 해야 하는지 정확히 알 수 있다. 숙제를 하고, 단어를 외우고, 독서를 하는 구체적인 것을 알고 있고 실천할 수 있다. 그러나 산출요인, 곧 결과를 보고 보상을 주면 시험을 잘 보기 위해 무엇을 어떻게 해야 하는지에 대한 답을 스스로 찾기란 쉽지 않다.

나는 아들들에게 시험을 잘 봐야 한다고 말하지 않는다. 또 시험을 못보았다고 게임 시간을 줄이고, 잘 보았다고 게임 시간을 늘리는 행위는 하지 않는다. 평상시에 독서, 영어단어 외우기, 수학문제 풀기 등을 안 했을 경우에만 게임 시간을 줄인다. 그밖에도 열심히 노력하면 내공이 쌓인다고 말한다. '티끌 모아 태산'이라는 말을 가끔씩 쓰기도 한다. 그래서 그날 외운 영어단어, 그날 푼 수학문제가 중간고사 성적을 올리지는 못하지만 지속적으로 꾸준히 하면 큰 도움이 된다고 말한다. 노력은 내 의지로 할 수 있지만 시험 결과, 시험 성적은 내 의지로 할 수 있는 게 아니기 때문이다.

C. 보상 = 집중력

우리 집은 영어단어를 다 맞추면 주말에 컴퓨터 게임 1시간을 추가한다. 이렇게 하게 된 이유는 아들들이 영어단어를 반 정도만 외우고 학원에 가서 선생님으로부터 신경 좀 써달라는 전화가 왔기 때문이다.

그런데 게임 시간이 걸려있다 보니 아들들은 영어단어를 계속해서 거의 다 맞춘다. 그전에는 아내가 아이들에게 영어단어는 언제 외울 거냐고 물었지만 지금은 아이들이 알아서 영어단어를 외운다. 능동적으로 단어를 외우는 것이다. 생각해보면 아들들이 영어단어 공부하는 시간이 늘어난 것은 아니었다. 게임을 하겠다는 목표 때문에 더 집중적으로 열심히 외우고 있는 것이다.

아이들은 영어단어를 잘 외우고 나도 그런 아들들이 대견하다. 그런데 아내는 여전히 불만이 많다. 게임하는 시간이 너무 많아졌다고 생각해서다. 왜 전에는 단어를 안 외웠느냐고 반문하기도 한다. 지금은 아들들과 상의해서 게임 시간을 1시간에서 30분으로 하향 조정했다.

게임 시간을 보상으로 줄 때는 보상으로 추가된 게임 시간을 바로바로 정확히 적어야 한다. 그래서 집 거실에 있는 칠판에 추가된 게임 시간을 적는다. 그래야 주말에 추가된 시간 때문에 다투는 일이 없어진다. 당연히 추가된 시간은 아이들이 적는다.

D. 아빠가 답이다

나카무로 마키코 교수팀은 〈초등학교 저학년 학습에 부모의 관여가 끼치는 영향〉을 조사했다. 이에 따르면, 여자아이는 '엄마가 공부하는 시간을 정해서 지키게 하는 방법'이 가장 효과적이었고, 남자아이는 '아빠가 공부하는 모습을 옆에 앉아서 지켜보는 방법'이 가장 효과적이었다고 한다.

아빠나 엄마가 공부하라고 하는 것은 별반 효과가 없었다. 부모에게는 가장 쉽고 간단히 공부를 시키는 방법이겠으나 효과가 낮고, 심지어는 엄마가 딸에게 공부하라고 말하는 것은 학습에 역효과까지 보였다.

보통 가정에는 아이들 공부를 엄마들이 주로 담당한다. 어느 날 아내가 아이들 시험기간에 집에 좀 있어달라고 내게 강하게 요청했다. 처음에는 아내의 요청이 잘 이해되지 않았다. 내 친구들도 더 노골적으로 아이들 시험기간이니까 아빠가 없어야 공부가 잘 되는 게 아니냐며 아빠가 가르치려고 들면 더 역효과가 날 것이라고 말하는 것이었다.

그러나 아내의 청을 거절할 수가 없어 시험기간에는 약속을 잡지 않았다. 아들들이 공부할 때 내가 한 일이라곤 나도 옆에서 같이 보고 싶었던 책을 읽은 것이었다. 그러면 집이 조용해진다. 그리고 시험기간에 종종 아들들과 카페에 간다. 내가 하는 거라곤 옆에서 책을 열심히 읽는 것뿐이다. 이것이 내 역할이다. 이제 돌이켜서 생각해보니 아내 덕분에 가장 효과적으로 아들들 학습에 긍정적인 영향을 주었다는 것을 깨닫게 되었다.

책이 맞았다!

현대 유대인 가정에서는 자녀에게 독서의 기회를 제공하기 위해 거실에 텔레비전을 놓지 않는다는 사실을 알고 난 나는 또다시 무릎을 쳤다.

"텔레비전을 안방으로 옮긴 나의 판단이 옳았어!"

컴퓨터를 오픈된 공간에서 하게 하려고 거실에 텔레비전을 놓지 않으면서 거실 벽에 책꽂이를 놓고 책을 가득 꽂아 놓았더니 게임을 하지 않는 시간에 거실에 있게 되면 자연스럽게 책을 뒤적이는 일이 늘어났다.

A. 책을 읽어야 하는 이유

의학적으로 운동을 하면 근육이 키워져서 면역력이 높아진다. 키워진 근육은 당뇨병이나 고혈압 발생을 낮추는 역할을 한다. 이와 비슷하게 책을 읽으면 생각의 근육을 키울 수 있다. 생각의 근육을 키우면 내가 앞으로 살아가면서 하게 될 수많은 선택의 순간에서 좀 더 유익한 방향으로 결정할 수 있는 힘이 키워진다. 그리고 책을 통해 선배들로부터 얻을 수 있는 삶의 지혜와 정보들을 폭넓고 깊이 있게 배우게 될 것이다. 창의력 또한 독서에서 나온다.

유네스코에서 조사한 결과 유대인들의 평균 독서량은 연 64권이라고 한다. 매주 최소한 1권 이상씩 책을 읽는다는 계산이 나온다. 기원전 6세기에 쓰이기 시작한 탈무드에는 "돈을 빌려주기는 거절해도 좋으나 책 빌려주기를 거절해선 안 된다"고 적혀 있다.

고백하거니와 나는 어릴 적에 책을 거의 읽지 않았다. 나의 잘못도 있었지만 책을 재미있게 읽는 습관을 형성하지 못했기 때문이다. 전집을 사달라고 하면 부모님은 다 읽지도 않을 건데 왜 사느냐고 말씀하셨던 기억이 난다. 책을 처음 봤을 때는 너무 재미있을 것 같아서 샀지만, 막상 사고 나서 끝까지 읽지 못한 책들이 대부분이었던 터라 부모님께 더는 조르지도 못했다. 독서 습관을 기르지 못한 나는 책을 읽는 일이 너무 어렵다는 생각에 눌려 있었고, 그림이 없는 긴 책은 읽기도 전부터 지쳤다.

그런데 유대인 부모들은 평소에 거실에서 책 읽는 모습을 자녀들에게 보여줌으로써 자녀들을 자연스레 독서로 이끈다고 한다. 교육은 모방에서 시작되므로 부모 스스로가 모범을 보이는 것은 지극히 당연하다. 나도 읽지 않으면서 아들들에게 책을 읽으라고 하기가 매우 싫었다. 결국 아들들 덕분에 나는 책 읽는 습관을 들이기 시작했다.

B. 책읽기의 중요성

서귀포 남주중학교 2학년 때 수가 과학영재고등학교에 합격했다. 우리는 모두 기적이라고 생각했다. 수도 자기가 어떻게 합격했는지 모르겠다고 한다. 특별히 영재고 준비를 많이 하지는 못했다. 당연히 3학년 때 다시 도전할 생각이었다.

지인들이 합격비결이 뭐냐고 물으면 운이 좋다고 말했다. 그러면 실력이 있으니까 합격했지, 운이 좋은 것만은 아니라고 하면서 다시 묻는다. 그래서 나도 가만히 생각해보았다. 이런 시골(?) 서귀포에서 영재고 준비를 제대로 못하고도 합격할 수 있었던 가장 큰 비결은 책읽기, 즉 다양한 독서인 것 같다.

나는 어릴 때부터 전공서적을 많이 읽었지만 일반적인 교양서적들은 거의 읽지 않았다. 지금도 한 달에 책 읽는 양은 1~2권 정도이다. 어릴 때부터 습관을 못 들인 책읽기는 지금도 아주 힘든 일상사가 되어버렸다. 중학교 시절 반에서 1등을 한 친구가 기억이 난다. 그 친구는 아무도 모르는 질문에 혼자 대답하곤 했다. 나는 그 친구를 천재라고 생각했다.

하루는 가을 단풍을 보려고 한라산에 갔다. 낙엽이 떨어지고 단풍이 드는 모습을 보았다. 나는 수에게 왜 낙엽이 떨어질까 하고 물으니 아들이 그 이유를 설명해준다. 겨울에는 나무에 수분이 부족하고 햇빛

이 약해져서 잎이 필요한 양분을 충분히 만들 수 없기 때문에 나뭇잎을 떨어뜨리기 위한 액을 분비한다고 했다.

아들에게 어떻게 알았냐고 물으니 "책에 다 나와" 하고 대답한다. 나는 그 순간 그 중학교 시절에 1등 했던 친구가 천재가 아니라 책을 많이 읽었던 거로구나 생각했다.

책읽기는 성장하는 아이들에게 가장 중요한 일이다. 시중에 책읽기에 대한 책이 많이 있다.

C. 나부터 책을 보라

내가 아는 지인은 이런 얘기를 했다. 평일에 야근이 많아 육아에 전념하지 못하고 막상 주말이 되어도 피곤함과 나른함에 텔레비전 앞에 자주 가게 된다. 이런 삶이 반복되다 보니, 주말에 텔레비전을 시청하는 내 앞에 아들이 어느새 자연스럽게 앉아 있다. 그 아들의 모습을 보면서 '텔레비전 시청하는 것도 상속되는구나'라고 생각했다는 것이다.

루게릭병을 극복한 현대 과학의 아이콘 스티븐 호킹의 위인전을 보면 책을 많이 읽는 어린 시절 이야기가 나온다. 스티븐 호킹의 부모님이 솔선수범하여 책을 읽었기에 자연히 보고 배우게 된 것이라고 한다.

아들들은 특히 아빠 따라하기를 좋아한다. 아빠가 하는 것은 다 재미있을 것 같고, 해보고 싶어 한다.

나는 주말이면 가끔 골프 연습장에 간다. 그때마다 두 아들이 따라가겠다고 한다. 막상 가 보면 그렇게 재미있지는 않지만 아빠가 하는 것을 꼭 해보고 싶어 하는 것 같다.

책을 읽는 것도 마찬가지이다. 나부터 책을 읽으면 아들들은 옆에서 자연스럽게 읽게 된다. 나도 처음에는 좀 어려웠다. 지금도 잘되는 편은 아니지만 그래도 예전보다는 책을 많이 읽고 있다.

D. 책 같이 읽기

앞에서도 얘기했지만 나는 어렸을 때부터 책을 좋아하진 않았다. 시험에 나오는 서적, 의학서적 등은 많이 읽었지만 교양서적은 거의 읽지 않았다.

하루는 애들이 읽으면 좋을 것 같다고 친구가 자기가 어렸을 때 읽었던 만화삼국지 60권을 보내주었다. 나도 삼국지는 끝까지 읽어보지 않아서 읽고 싶었다. 책이 오는 날 수는 20권이나 읽고, 현이는 5권, 나도 2권을 읽었다. 거실에 모여서 다 같이 책을 읽었다. 책읽기에 흥미가 많지 않은 현이도 나랑 경쟁하면서 삼국지를 읽어 갔다. 결국 나보다 1주일이나 빨리 60권을 다 읽고 아빠보다 빨리 읽었다고 자랑한다.

이때부터 나도 아이들 책에 관심을 가지게 되었다. 아이들 책은 읽기가 쉽고 지루하지 않다. 내용이 도움이 안 된다고 생각할 수 있지만 동화책도 나에게 도움이 되는 책들이 많다. 특히, who 위인전 등은 나의 교양지식에 도움이 되었다.

그 뒤로 나는 아들들이랑 같이 책을 읽는다. 나는 어려운 책보다는 아이들 책이라도 같이 읽을 수 있는 책이 좋은 것 같다.

어렵더라도 아빠들도 아들과 같이 책을 읽어보자.

저자가 아들들과 함께 만화책을 읽고 있는 모습

❶ 쉬운 책부터 읽어라. 나는 아들들이 보는 《why》란 책부터 읽었다.

❷ 같이 읽을 수 있는 책을 골라서 읽어라.

❸ 같은 책을 읽으면 경쟁심이 생겨 서로 집중해서 열심히 읽게 된다.

❹ 회사에서 처리하지 못한 서류작업 등을 집에 가지고 와서 거실에서 하자.
(나도 병원에서 해야 할 서류작업 등을 가지고 온다.) 아들들은 공부하는 줄
알고 같이 옆에서 책을 읽는다.

E. 숫자 66의 기적

"과학이 입증한 66일의 반복"

심리학자 필리파 랠리 교수는 새로운 습관을 정착시키는 데 얼마간의
시간이 걸리는지 알아보려고 한 가지 실험을 시도했다.

실험에는 평균 27세의 성인남녀 100여 명이 참여했다. 참가자들은 매

일 15분 걷기, 점심마다 과일 먹기, 매일 아침 윗몸 일으키기 50번 중에서 한 가지를 선택해 84일간 지속해야 한다. 실험 결과 특정 행동이 습관으로 정착되기까지 평균 66일이 걸렸다. 복잡한 습관을 들이는 데는 더 오랜 시간이 걸리는 것으로 밝혀졌다. 윗몸 일으키기보다 과일 먹는 습관을 들이는 데 더 오래 걸린 것이다. 과제를 하루 이틀 건너뛴 경우라도 사람들은 자신의 목표를 달성했다.

실험 결과를 요약하면 다음과 같다.

❶ 66일이 지나면 새로운 행동이 자동으로 굳어져 생활의 일부가 된다.
❷ 습관 형성은 모 아니면 도가 아니며, 한두 번의 실수는 용납된다.

그러니 두 달만이라도 꾹 참고 아이들과 함께 책읽기에 도전해보자. 물론 부모가 더 힘들 수도 있다.

F. 만화책도 좋다

우리에게는 '만화책은 나쁘다'라는 편견이 있다. 그러나 처음에 독서의 흥미를 붙일 때는 만화책도 도움이 되는 것 같다.

최희수 선생님의 《아빠와 함께 책을》에 보면 〈만화책만 읽어요〉라는 글이 있다.

역사, 위인, 문학이 너무 어려우면 먼저 만화로 시작해도 된다. 이것은 푸름이에게 배운 것이다. 푸름이에게 역사를 가르친 적이 없는데 역사에 대해 무척 해박하기에 "푸름아! 어떻게 그렇게 역사를 잘 알게 되었니?" 하고 물었더니 "만화가 뼈대에요. 만화에다 살만 살살 붙이면 돼요" 하는 것이었다.

분명 무언가 꿰뚫고 하는 말이었다. 교육 원리상 구체적인 것에서 추상적인 것으로 발달이 이루어지는데, 만화는 그림으로 볼 수 있으니까 글씨로만 이루어진 책보다는 훨씬 구체적이다. 따라서 구체적인 만화를 보여서 이미지를 그릴 수 있으니까 자연스럽게 두꺼운 책도 볼 수 있게 된다.

만화를 너무 많이 보는 것이 아닌가 걱정하는 부모도 있는데, 저질 만화가 아니라면 좋은 학습 만화는 오히려 권장할 만하다.

만화만 본다고 글씨 책을 안 볼 것이라고 걱정할 필요도 없다. 만화로 어느 정도 책 읽기가 충족되면 자연스럽게 글씨 책으로 옮겨간다. 푸름이뿐 아니라 초록이도 같은 현상을 보였다. 초록이는 학습만화를 통해 책 읽기에 습관을 들였다고 보아도 틀린 말이 아니다. 지금은 만화도 잘 보지만 글씨 책도 아무런 문제없이 읽어 내려간다.

G. 카페에서 책읽기

습관이 형성되는 66일 동안 어떻게 지속할 것인가. 집중이 잘되는 환경과 분위기를 조성하는 것이 필요했다. 가고 싶은 매력적인 공간에서 책을 읽는다면 물론 책을 읽을 기회가 늘어날 것이다. 딱 카페가 생각났다. 내가 대학교 다닐 때도 카페에서 공부하는 학생들이 있었는데 부럽기도 했다. 최근에는 중·고등학생들이 카페에서 공부하는 모습도 많이 보인다. 약간의 소음이 있는 곳에서 오히려 더 집중이 잘 된다는 것이다.

나는 중학생 초등학생 아들들을 데리고 카페를 다니기 시작했다. 집 보다는 집중을 잘할 수 있고 맛있는 것을 시켜 먹을 수 있는 환경이 기분을 좋게 할 수 있으리라는 기대가 들었다. 먹고 싶은 음료와 간식을 한 가지씩 시키고 각자 자기가 하고 싶은 것을 하면서 함께 있는 시간은 과연 높은 집중도를 선물했다.

카페 갈 때의 자세

❶ 카페에 대한 사전 답사를 해야 한다. 너무 사람이 많은 곳은 피하고, 의자와 책상이 공부하기 편한 곳으로 정한다. 의외로 공부하기 편한 카페가 많다.

❷ 일단 위치가 가깝고 주차 가능한 곳으로 정한다.(이동 시간이 길면 공부하기 싫어진다.)

❸ 언제까지 영업을 하는지 알아본다.(밤 9시 정도에 가면 최소 3시간은 하고 온다.)

❹ 처음에는 간다는 데 더 의미가 있다.

❺ 가자마자 시간표를 짜라(50분 공부, 10분 스마트폰).

❻ 스마트폰은 모아서 내 가방 안에 넣는다. 그러면 혹시 보고 싶어도 참는다.

❼ 시계를 차고 가라. 시간을 보려고 스마트폰을 보면 아들들이 오해한다. '아빠가 스마트폰을 하고 싶구나' 하고.

❽ 아빠도 같이 공부하라. 주로 평소 읽고 싶은 책을 들고 가라. 아빠가 열심히 책 읽으면 아들은 자연스럽게 집중한다.

❾ 매주 또는 매달 1~2회 정해놓고 가자.

⑩ 장점- 집중이 잘된다. 아들이랑 즐겁게 책을 읽을 수 있다. 엄마는 집에서 쉴 수 있다.

카페에서 공부하는 일이 익숙한 일상이 되면서 내용에 변화가 필요했다. 집중력이 높아져 숙제가 끝난 다음에 다른 책을 읽을 수 있는 여유가 생겼기 때문이다. 하루는 카페를 가기 위해 아들들이 책가방을 챙기는데 숙제만 챙기고 있었다. 내가 세계 역사책을 챙겨 가면 어떻겠느냐고 했더니 그러면 그 책은 아빠가 들고 오라고 한다. 그래서 내가 가지고 갔다. 숙제를 다하고 책 두 권 모두 읽고 왔다.

한번은 영어, 수학 숙제를 끝내고 현이 제일 싫어하는 구몬을 조금 풀다가 나에게 "아빠, 책 읽어도 돼?"라고 묻는다. 책 읽는 것도 좋아하지는 않지만, 그래도 구몬 푸는 것보다는 좋아하기에 하는 질문이다. 그래서 나는 "당연하지, 그리고 공부는 이렇게 하는 거야. 하기 싫은 공부를 하다가 힘들면 덜 하기 싫은 공부를 하는 것도 좋은 방법이야"라고 말해주었다.

그리고 그러다가 구몬을 하고 싶으면 하라고 말했더니 현이 말한다. 그런 일은 없을 거라고.

카페에서 같이 공부하기는 상당한 성과를 거두었다. 처음에는 나도 억지로 카페에 왔다. 아들이랑 같이 하니 즐겁게 올 수 있었고 혼자였다면 읽지 못했을 책들도 여러 권 읽을 수 있었다. 어찌보면 카페에 왔던 일들이 나를 위한 것이라는 생각이 든다. 그 시간에 아내가 집에서 밀렸던 일을 할 수 있는 것도 빼놓을 수 없는 성과 중 하나다.

나중에 아들들이 커서 내 나이가 되면 할아버지가 된 나랑 손자들이랑 다 같이 카페에서 책 읽는 모습을 상상해본다.

H. 과감한 보상을

현의 6학년 겨울방학이 되었다. 중학교를 가기 전의 이번 방학은 특히 길어 2개월이나 된다. 현은 같은 책만 종종 읽는다. 나는 현이 중학교 가기 전에 책을 더 열심히 읽었으면 하는 마음에 아들과 한 가지 약속을 했다.

책을 읽으면 그날 바로 게임 1시간을 하게 하는 것이다. 아들은 두꺼운 책은 어떻게 할 거냐고 묻는다. 그럼 150페이지를 읽으면 1시간으로 하고, 300페이지를 읽으면 2시간으로 한다고 했다. 3권 읽으면 당연히 3시간이라고 했다.

옆에서 듣던 아내가 게임 시간이 너무 많다고 싫어하는 표정을 지어서 나는 책을 몇 권 읽었는지가 더 중요한 것이라며 아내를 설득했다.

현은 지금도 내 옆에서 책을 읽고 있다. 지금 방학이 한 달 정도 지났는데 책을 대략 30권 정도는 읽은 것 같다. 그것도 매일 다른 책을 읽는다. 같은 책은 안 된다는 전제 조건이 있기 때문이다.

방학 때 하루 종일 집에 있어서 지루해질 수 있지만 책도 읽고, 매일 1~2시간 게임을 할 수 있어 "누이 좋고 매부 좋고" 이렇게 방학을 지내고 있다.

나는 지금도 책 읽는 것이 어렵다. 하지만 누군가 나에게 책을 읽는 댓가로 골프를 한번 치게 해주겠다고 하면 1주일에 3권 쯤은 가볍게 읽을 수 있을 것 같다. 나도 이러한데 아들들이 게임하고 싶어 하는 마음이야 오죽하랴! 그러므로 나는 게임 시간과 책읽기 시간을 바꾸는 것이 매우 유용한 일이라고 믿는다.

그리고 매일 책을 읽으면 게임 시간을 추가해주는 것은 눈에 보이는 보상이므로 효과가 더 좋다. 만약에 "이번 방학 한 달에 책을 50권 읽으면 컴퓨터를 바꿔줄게" 하고 보상을 내건다면, 책읽기가 성공한다고 장담할 수 없다.
그러나 매일매일 보상이 주어지면 매일매일 책을 읽는 것은 아이들한테 그리 어려운 일이 아니다. 그날 저녁에는 게임을 할 수 있기 때문이다. 그렇다고 아이들이 책을 읽지도 않고 "읽었다"라고 하지는 않는다. 이것은 부모의 지나친 걱정일 뿐이다. 보상이 주어져도 아이들이 그 보상 때문에 반드시 책을 읽지는 않는다. "누이 좋고 매부 좋고"처럼 아이들도 책을 읽으면 자신에게 큰 도움이 되는 것을 알고 있다.

I. 책을 쉽게 읽는 법
어떻게 책과 친해질 것인가. 마침 김봉진 대표의 저서《책 잘 읽는 방법》이라는 책을 알게 되었다. "읽다가 재미가 없으면 다 읽지 말고 다른 책을 읽어라! 처음부터 안 읽어도 된다! 중간에 재미없는 부분은 건너뛰어도 괜찮다! 책은 다 읽으려고 사는 것은 아니다! 인테리어 효과도 있다!" 너무도 쿨한 접근에 자신감이 생겼다. 처음에는 책읽기가 어려워서 애들이 읽는 어린이 책을 함께 읽었다. 그리고 점점 책 읽는 재미를 느끼고, 읽는 속도도 빨라져서 요즘은 내가 읽고 싶은 책을 서점이나 집에서 골라서 읽는다.

내 경험을 바탕으로 자녀들과 책 쉽게 읽는 방법을 알려드린다.

❶ 시작은 만화로

삼국지를 처음부터 이문열의 삼국지로 읽는 사람은 거의 없다. 처음에는 만화로 된 삼국지나 그림책으로 된 삼국지를 읽을 수 있다. 이렇게 유명한 책들은 만화로 처음 접하게 되면 더 자세하게 읽고 싶은 생각이 든다. 그래서 만화로 읽은 책들도 나중에 독서 능력이 향상되면 글자가 많은 책으로 다시 읽게 된다. 그리고 역사책은 만화로 되어있는 것이 효과적이다. 역사는 줄거리를 아는 것이 중요하기에 역사의 기본 뼈대를 잡는 데 효과적이다.

❷ 묻지 마라

어른들이 아이들에게 책을 읽고 나면 가장 먼저 물어보는 것이 "정확히 잘 읽었어? 너 진짜 다 읽은 거 맞지? 읽었으면 줄거리를 말해 봐!"라고 한다. 어른들도 책을 읽을 때 어려운 책이나 집중을 안 하고 읽거나 대충 읽은 경우에는 위의 질문을 받으면 쉽게 대답하기가 힘들다. 자녀들은 더하다. 그래야 자녀들이 대충 읽은 책에 대해 부담을 갖지 않을 것이고, 책읽기를 숙제로 생각하지 않게 된다.

❸ 토 달지 마라

외식을 할 때 아이들에게 메뉴를 물어보는 것처럼 아이들도 읽고 싶은 책은 자기가 직접 고르는 것이 좋다. 그리고 책을 선택하면 자체를 칭찬해주어야 한다. 그리고 계산을 해주면 된다. "너 진짜 이 책 읽을 거야? 이 책 어렵지 않겠니? 이 책 내용은 별로인데!"라는 말은 할 필요가 없다. 그리고 집에 와서 읽지 않아도 된다. 나도 책을 사두고 안 읽은 책이 집에 엄청 많다. 김영하 작가는 "읽을 책을 사는 것이 아니라, 산 책 중에서 읽는 것이다"라고 말했다.

❹ 순서는 없다

역사책을 볼 때도 고조선 시대가 재미없으면 조선시대부터, 아이들이 잘 아는 세종대왕부터 읽어도 된다. 삼국지를 읽을 때에도 유비가 삼고초려를 하는 장면부터 읽어도 된다.

나의 중학교 시절에 《맨투맨》이라는 영어문법책이 있었다. 내 기억(30년 전 책)으로는 1장이 '명사'라는 단원이었는데 1장만 10번은 본 것 같다. 영어 공부를 잠깐 쉬었다가 다시 볼 때도 처음부터 보는 바람에 중간부터 끝부분은 펼쳐 보지도 못했던 것이다. 책은 처음부터 읽어야 한다는 강박관념에서 벗어나자.

❺ 놀이처럼 독서하라

어릴 때부터 책이 중요하다고 해서 깨끗하게 다뤘다. 그렇지만 책과 친해지면 중요한 곳은 밑줄을 그어도 되고, 좋은 그림이나 글귀는 찢어서 자기가 좋아하는 노트에 붙여도 된다. 책을 장난감처럼 재미있게 가지고 노는 것이다. 게임을 하는 것보다 책에 낙서를 하는 것이 좋다고 생각하자.

❻ 보상하라

아이들이 책을 안 읽는다면 부모 먼저 자기 자신을 생각해보라. 나는 과연 책을 잘 읽는가? 그럼 대부분 자녀들이 이해가 될 것이다. 그래서 책을 읽을 때 처음에는 보상을 해주는 것이 좋다. 가령 책을 한 권 읽으면 용돈을 주거나 게임을 1시간 추가로 하게 하는 것이다. 책을 읽었는지 검사할 필요는 당연히 없다! 1시간 읽었다고 하면 최소한 30분은 읽었을 것이다.

❼ 많이 사주자

음식을 많이 먹으려면 음식을 많이 시켜야 하듯이, 책을 많이 읽으려면 먼저 많이 사줘야 한다. 전집으로 사도 대부분 전권을 다 안 읽는게 사실이다. 그러나 책 읽는 습관이 든 아이들은 처음에는 그 전집을 다 읽지 못하고 읽고 싶은 책만 골라서 읽더라도 나중에는 그 전집에 있는 책을 반 이상은 읽는다. 책을 전집으로 사는 것은 부담일 수 있다. 그러나 나중에 자녀들이 사업을 해보겠다고 대출을 해주는 것보다 조금은 무리가 되더라도 전집이나 책을 많이 사주는 것이 더 경제적이다. 전집도 낱권으로 한 권씩 구입하는 것이 부담이 없다. 그러다가 탄력이 붙으면 전집 혹은 세트물을 구입하는 것도 좋겠다.

지금은 도서관이 활성화되어 있어 도서관에서 대출을 받아서 읽으면 된다. 경제적 형편이 된다면 세트 구입은 당연히 대환영이다.

❽ 편식해도 된다

음식을 먹을 때 편식하는 것을 엄마들이 싫어한다. 우리 집은 그렇지 않다. 왜냐하면 아들들이 식성이 없어서 밥을 많이 먹지 않기 때문이다. 그래서 어떤 음식이라도 많이 먹기만 하면 아내는 좋아한다. 책도 마찬가지다. 수는 이렇게 말한다. "책읽기는 편식해도 돼요. 그냥 자기가 읽고 싶은 책을 읽어도 돼요, 그러다 보면 다른 책도 읽게 돼요."

❾ 책을 치우지 말자

아내는 아이들에게 책상 좀 치우라는 말을 가끔 한다. 그렇지만 아들들의 책읽기를 중요하게 여긴다면 치우는 일이 힘들더라도 부모가 하자. 그리고 책상에 있는 책 중 다 읽지 않은 책은 치우지 말자. 그래야 눈에 잘 띄고, 그래야 다시 그 책을 집어들 거니까. 그리고 소파, 화장실, 아들들 침대에 있는 책들도 가급적 그대로 두자.

❿ 아이들과 책을 들고 카페에 가자

나는 읽고 싶은 책이 있거나 주말에 여유가 있으면 아이들과 함께 책을 들고 카페에 간다. 이때 꼭 2~3권씩 여유 있게 가지고 간다. 다 읽지 못하더라도 한 권만 가지고 갔다가 만약 그 책이 너무 재미가 없다면 카페에 대한 기억은 지루한 곳이 되기 때문이다. 의외로 카페를 가면 책읽기가 쉬워진다. 가서 부모가 할 일은 가만히 앉아서 자기가 읽고 싶은 책을 읽기만 하면 된다. 아이들이 책을 읽든 말든!

⑪ 책 제목을 노트에 적자

중간에 이것은 점검해야 한다. 현이도 책을 읽는데 한 가지 책만 너무 자주 읽는다. 그 책이 너무 재미있어서 그럴 수도 있지만 다른 책에 흥미를 못 붙여서일 수도 있다. 그래서 아이들이 책을 읽을 때 같은 책만 읽는지 확인해볼 필요가 있다. 그래서 책의 줄거리를 적는 것이 아니라 읽은 책 제목을 적는 것이 필요하다.

간단히 2주에 한 번씩 내가 읽었던 책제목을 노트에 적어보는 것이 좋다.

강의노트 7

공부에 대한
의사 아빠들의 생각

1. 아빠가 의사잖아

초대형 베스트셀러 《그릿》의 저자인 더크워스 박사의 말이다.

사람들은 뛰어난 사람을 보고 이렇게 말한다. "저 사람은 재능이 뛰어나잖아, 타고났잖아"라고. 그러나 이것은 자기가 할 수 없는 것을 위안 삼으려고 하는 말이다. 재능의 차이가 있지만 그 재능의 차이보다 노력을 얼마나 많이 했는가가 더 중요하다. 재능이 조금 뛰어난 사람도 노력을 하지 않고 자기보다 재능이 적은 사람이 성공하면 재능이 뛰어나서 그렇다고 말한다.

수가 한국과학영재학교에 합격을 하자 주위에 소문이 났다. 그런데 이런 얘기를 들었다. 어떤 학부모가 "아빠가 의사야!", "그렇지, 어쩐지" 하더라는 것이다. 아빠가 의사라서 똑똑하고 투자를 많이 했다고 생각해서 그러는 것 같다. 하지만 나는 그 얘기를 듣고 이런 생각이 들었다. '내가 만약 예전에 자녀교육에 전혀 관심이 없었던 아빠로 지

금도 아들들을 키우고 있다면 아들이 과연 이렇게 잘 자랐을까?'

내가 의사가 되는 데 뒷바라지를 해주셨던 아버지도 "네가 열심히 해서 된 거다"라고 말씀하신다. 그렇지만 돌이켜 생각해보면 아버지는 내 인생의 멘토이자 선생님이었다. 초등학교 때부터 숙제 검사, 영어단어 검사, 한자단어 검사를 해주셨고, 중학교 때는 친구들하고 많이 놀아야 고등학교 때 열심히 할 수 있다고 하셨다. 이 말씀이 고등학교 공부를 할 때 지치지 않고 끝까지 할 수 있던 동력이 되었다. 그리고 중학교 시험기간이 되면 아버지는 나와 동생이 있는 방에서 항상 분재를 하곤 하셨다. 그 때만 해도 아버지가 분재를 좋아하시는구나 생각했다. 분재할 곳이 마땅하지 않아서 우리 방에서 하는 거라고 생각했다. 당연히 우리는 아버지가 옆에서 분재를 하고 계셔서 딴 짓을 할 생각을 못하고 공부를 한 기억이 있다.

이번에 책을 쓰면서 여쭤보았다. "아버지, 그때 왜 분재를 하셨어요?" 그러니까 아버지께서 웃으시면서 "너희들 감시하려고, 그리고 너희 학교 졸업하니까 분재 끝냈다" 하고 말씀하셨다. 우리는 한참을 웃었다. 나는 지금까지 아버지가 우리를 감시하려고 그러신 줄은 몰랐다. 아버지는 최신해 박사님의 《심야의 해바라기》라는 책을 보시고 아이들 옆에서 분재를 해야겠다고 생각하셨단다.

최신해 박사의 《심야의 해바라기》에서는 이렇게 쓰여 있다.

어린 꽃봉오리를 잘 가꾸어서 큰 꽃을 피게 하고 큰 열매를 맺게 하자면, 무엇보다 따뜻한 햇볕과 충분한 비료와 거센 바람을 막기 위한 울타리가 필요하다. 가정은 아이들의 온실이며, 부모는 온실의 정원사와도 같다. 꽃봉오리에 너무 조급하게 손을 대고 빨리 꽃이 피라고 독촉만 한다고 일찍 필 턱도 없는 일이다.

피기도 전에 시들어버릴 수도 있을 것이다.

아버지는 분재를 하시면서 아들들을 키우고 있구나 하는 생각을 하신 것 같다. 그래서 그때 분재일에 엄청난 열정을 가지고 있으셨구나 하는 생각이 든다.

그리고 내게 왜 중학교 시절에는 많이 놀아야 한다고 하셨는지 이해가 된다. 그때그때 아들들을 위하여 최선의 길이 뭔지를 책을 읽으면서까지 열심히 생각하고 이끌어주신 아버지에게 감사하다.

2. 아버지 고맙습니다

나는 지금도 아들들이랑 카페에서 책을 읽는다. 때로는 친한 선배에게 같이 가자고 한다. 그 선배도 우리 아들들과 비슷한 나이의 아들들이 있다. 그럴 때마다 선배는 다음에 가자고 해서 같이 가지 못했다. 그러던 중 어느 날 선배와 밥을 먹다가 이런 얘기를 들었다.

사실 선배는 아버지와 사이가 그렇게 애틋하지는 않다고 한다. 어릴 때 체벌을 많이 한 아버지를 좋아하지 않는다는 것이다. 그러던 중 내가 애들하고 카페 가서 책을 읽자는 말을 듣고 선배는 그날 아버지에게 전화를 했단다. 아버지에게 고맙다고. 자기 아버지는 초등학생 시절 매일 4남매를 9시에 불러 놓고 숙제 검사를 30분 동안 했다고 한다. 당연히 강압적이고 체벌을 했지만 매일 자식들을 위해 낮에 고된 농사를 하고, 피곤한 몸으로 매일 숙제 검사를 했다는 것이다. 지금 생각해보니 자기는 여유가 있는데도 불구하고 아들들을 위해 별로 하는 것이 없는 것 같은데, 아버지는 자식들을 위해 고된 노력을 했다는 생각이 들었다고 했다. 그래서 그날 아버지에게 전화를 해서 그때 아버지가 그렇게 해주셔서 내가 의사가 된 것 같다고 감사하다고 말씀드렸다는 것이다.

아빠의 양육이 필수라고 알고 나서도 올바른 양육습관을 가지는 것은 그리 쉬운 일이 아니다. 다음 글은 《아들 심리학》에서 인용한 양육에 대한 내용이다.

오래 전, 미국의 한 코미디 프로그램에서 "만일 당신이 그렇게 똑똑하다면, 왜 아직도 부자가 못 됐죠?"라는 급소를 찌르는 말이 유행한 적이 있다. 이 문장을 활용해보면, "훌륭한 훈육이 그렇게 효과적이라면, 왜 우리 모두 그것을 그냥 실천하지 않죠?"라고 물을 수 있을 것이다. 실천하지 않는 이유는 그 일이 고된 일이기 때문이다. 아들이 바라는 뭔가를 함께하며 시간을 보내는 것은, 아들에게 한바탕 호통을 친 다음 TV 연속극을 보거나 다른 일을 하러 가버리는 것보다 훨씬 더 많은 시간과 노력이 드는 법이다.

전혀 효과가 없는 양육 습관을 바꾸기 위해 상담 치료를 받으면서 자신들이 했던 약속을 지키지 못하는 부모들이 많다. 오래되고 심지어 아무 쓸모도 없는 버릇에 너무 익숙해져서, 변화를 거부하기 때문이다. 부모가 많은 노력을 기울여 자식을 이해할 수 있어야 비로소 아들들도 더 나은 인재가 될 수 있다.

아이들에게 밤새워 공부 하자는 것 자체가 가혹한 행위일 수 있다.

그럼에도 불구하고 밤새워 공부하게 한 이유는 아들들과 아들친구들에게

할 수 있다는 자신감을 심어주기 위해서였다.

처음에는 과연 밤을 새워 공부할 수 있을까 걱정을 했다.

chapter 08

극강 캠프

공부 한번 해보자

나는 내과 의사로 일하고 있다. 서귀포에서 태어나 현재 서귀포에서 개인 병원을 운영하고 있다. 조금 한가한 시간에 6학년에서 고등학생 환자가 진료실에 들어오면 증상이 심하지 않은 경우에는 반드시 공부와 관련한 이야기를 해준다.

나는 대학생 때나 20대 때 해외여행을 한 번도 하지 못했다. 그 당시에는 해외여행을 안 가본 학생이 더 많긴 했지만 생각조차 하지 못했다. 형편이 넉넉하지 않은 점도 있었지만, 물론 생각만 있었다면 아르바이트를 해서라도 갈 수 있었을 것이다.

지금 생각해보면 그때 나에게 '젊을 때의 해외여행이 인생살이에 있어 많은 도움이 될 수 있다'라는 얘기를 해준 사람이 단 한 명도 없었다. 그런 얘기를 들었으면 생각이라도 하고 열심히 돈을 모아 갈 수도 있었을 것 같다.

서귀포는 시골이다. 여기는 서울의 대치동만큼 공부 분위기가 조성되어 있지는 못하다. 대치동에서는 누군가가 조언해주지 않아도 자연스럽게 열공에 열공을 거듭한다. 그러나 여기는 서울 같은 대도시와 달리 공부하는 분위기가 조성되어 있지 않다. 그래서 주위 학부모님들이나 학생들에게 공부에 대한 강하지만 부드러운 자극을 주는 것이 필요하다고 생각한다. 진료실에 들어온 학생들에게 나중에 후회하지 않도록 치열하게 한 번쯤은 공부를 해보라고 여러 가지 얘기를 해주는 이유다.

타고났다는 말

〈쇼미더머니〉 시즌 7에서 우승한 래퍼 나플라는 그 누구보다 랩연습을 열심히 한다. 그런데 그는 공연이 끝난 후에 관객들에게 "쟤는 타고났네…"라는 말을 듣는 것이 무엇보다 더 좋았다고 한다.

'타고났다'라는 칭찬이 제일 좋았다는 그지만, 나플라는 그만큼 연습을 많이 하는 연습벌레라고 한다. 쉬는 순간 경쟁에 뒤처진다며 쇼미더머니 녹화 끝나면 바로 연습실에 가서 음악작업을 할 정도이다.

나는 우연한 기회에 카카오 인턴을 만났다. 한국과학영재고를 졸업하고 카이스트로 진학하여 대학교 2학년 때 제주도에서 카카오 인턴을 하고 있었다. 이분은 중학교 때 "너는 머리가 좋아서 공부를 잘하는 거잖아"라는 말이 무엇보다 듣기 싫었다고 한다. 자기는 중학교 때 PC방이나 노래방에 한 번도 가본 적이 없었고, 진짜 열심히 공부를 해서 성적을 받은 건데 이런 노력은 하나도 몰라주는 듯해서 너무 싫었다고 한다.

그렇다. 요즘 청소년들은 인기가 많은 스타들을 보면 '타고난 재능 덕택에 그런 위치에 있구나' 생각하고 있는 듯하다. 그러나 나는 반드시 그렇지만은 않다고 생각한다. 진짜 자기가 하고 싶은 일에 치열하게, 아니 죽을 것 같은 노력을 하면 반드시 성취할 수 있기 때문이다. 만약 해내지 못하더라도 결코 후회는 없을 것이다.

꿈을 이루려면 등산하듯이

제주도는 '오름'이 많아 가끔 아들들이랑 오름으로 등산을 간다. 중학생인 수랑 오름으로 등산을 처음 하던 때가 생각난다.

'노꼬메오름'의 높이는 해발 833.8미터이다. 처음에 우리는 둘 다 등산 초보였으므로 저렇게 높은 오름을 올라갈 수 있을까 걱정하면서 올라갔다. 등산하는 길이 가파르고 높아 중간에 3~5분 정도 쉬면서 올라갔다. 2시간이나 걸려서 드디어 정상에 도착할 수 있었다. 정상에 오른 기쁨을 만끽하고 사진을 찍는 등 스트레스를 확 날리면서 다음에는 한라산에도 올라야겠다는 결심을 하기도 했다. 그러면서 수와 여러 이야기를 나누었다. 자기가 이루려는 목표, 즉 그 정상에 오르려면 숨이 차오를 만큼 계속 열심히 올라가야 오를 수 있을 것 같다고. 너무 오래 쉬면 올라가기가 힘들고, 너무 천천히 가면 날이 저물어서 올라갈 수 없다고 말해주었다.

수도 오름의 높이를 보는 순간 처음에는 힘들 것 같았지만 포기하지 않고 올라가니까 정상이었다고, 정상이 보이기 시작할 때는 기운이 생겼다고 말했다.

등산을 시작하면 자기 앞 5미터 정도 밖에 안 보인다. 나무에 가려서 정상은 더욱 보이지 않는다. 자기가 하고 싶은 꿈을 이루기 위한 길은 등산과 같다고 생각한다. 처음에는 너무 멀리 있다고 생각해서 그것을 해낼 수 있을까 하는 걱정이 들곤 한다. 하지만 그 길을 숨이 차오르도록 쉬지 않고 계속 오르다 보면 목표 지점이 보일 것이고, 정상이 보일 때 더욱 힘이 날 것이다.

꿈이 있다면 공부해라

아들들은 학원을 많이 다니는 편이다. 공부량도 많은데다 호기심도 많아 질문을 자주 한다. 어느 날 아들이 "아빠, 공부는 왜 하는 거예요?"라고 물어왔다. 조금은 당황스러운 질문이었다. 나는 평소 아이들에게 공부뿐만 아니라 다른 모든 일에도 열심히 해야 한다고 강조해왔다. 나의 대답은 "꿈이 있다면 공부해라"였다. 이 말을 들은 아들은 멋있는 말이라면서 알았다고 한다. 아직 두 아들 모두 확실한 꿈은 없다. 막연히 아빠 따라서 의사가 되고 싶다거나 과학자가 되고 싶다고 한다. 내가 말하고자 하는 공부는 대학 진학을 위한 공부가 아니다. 가수가 꿈인 사람은 가수가 되기 위한 공부를 해야 하고, 야구 선수가 꿈인 사람은 야구나 스포츠 관련 공부를 해야 한다는 뜻이다. 본인이 잘할 수 있는, 재능이 있는, 행복할 수 있는 그런 공부 말이다.

극강 캠프 1차

(2017년 6월)

이 글을 쓸까말까 고민을 많이 했다. 사실 아이들에게 밤새워 공부하자는 것 자체가 가혹한 행위이기 때문이다. 밤새워 게임을 할 수도 있고, TV시청이나 레크리에이션을 할 수도 있다. 그럼에도 불구하고 밤새워 공부하게 한 이유는 아들들과 아들 친구들에게 할 수 있다는 자신감을 심어주기 위해서였다. 그래서 캠프 이름을 '극강(極強) 캠프'라고 지었다. 당연히 희망하는 학생만을 대상으로 했다. 신청자는 주로 아들 친구들이었다. 부모님들은 내가 의사여서인지 안심하고 자녀들을 맡겼다. 처음에는 과연 밤을 새워 공부할 수 있을까 걱정을 했다.

나는 캠프 중간에 지루하지 않게끔 평소 말해주고 싶은 꿈 이야기와, 지금 어러분의 시간을 가치 있게 써야 한다는 강의를 준비했다. 그리고 간식시간도 정성껏 마련했다.

아이들은 강의를 듣고 나서 각자 자리에 앉아 공부를 시작했다. 우려했던 것과는 달리 아무도 졸지 않았고, 떠들지도 않았고, 집중도 잘했다. 나 역시 옆에서 내가 하고 싶은 책 쓰기를 위해 책을 읽었다. 감기 증상이 있는 학생은 밤 11시에 간식을 먹고 집에 바래다주었다. 그리고 남은 7명의 학생들은 꿈쩍도 하지 않고 그 자리에서 공부를 했다. 그리고 새벽 4시가 되자 아들은 친구들이 해 뜰 때까지 남는다면 문화상품권 나눠줄 거냐고 묻는다.

나는 중간에 힘들어하는 학생은 집에 데려다줄 생각이었다. 그런데 모두들 힘들어하지 않고 진지하게 나를 쳐다보는 것이었다. 내가 좀 당황해서 그럼 지금 문화상품권이 조금밖에 없으니 일부는 주고 나머지는 나중에 부모님에게 전해주겠다고 했다. 이어 날이 밝았고, 5시 17분이 되어 이제 그만하고 집에 가자고 하며 기념 사진을 찍었다. 모두들 같은 아파트에 살고 있어서 1층에 가서 헤어졌다.

1차 극강 캠프를 하면서 느낀 점은 다음과 같다.

❶ 평상시 1시간 공부하는 것도 힘들어 하는 친구들이 웃으면서 끝까지 했다. 모두 함께해서 마칠 수 있었다고 한다.

❷ 공부를 안 하고 딴 짓을 할까봐 스쿼트(허벅지가 무릎과 수평이 될 때까지 앉았다 섰다 하는 동작으로, 가장 기본적인 하체 운동) 등을 하려고 했지만 아무도 딴 짓은 하지 않았다.

❸ 내가 할 일은 옆에서 책을 읽는 것이다.

❹ 중간에 좋은 강의를 해주고, 휴식시간도 적절히 주어야 한다.

⑤ 아침에 잠을 자고 낮에 점심을 먹으러 가는데 힘든 사람은 나였다. 아들들은 벌써 다 회복됐다.

⑥ 극강 캠프가 끝나고 1주일이 지나 친구들에게 어땠느냐고 물어봤는데 힘들지 않았고, 언제 또 하느냐고 묻는다.

⑦ 집에서 하는 극강 캠프는 가혹하거나 위험하지 않다. 졸리면 자게 하면 되고 힘들면 집에 바래다주면 된다.

⑧ 나중에 들은 얘기인데 친구 중 한 명이 시험기간에 공부를 하는데, 새벽 1시까지 하면서 엄마한테 그랬다고 한다. "밤새워 봤는데 1시까지는 껌이지."

⑨ 특히 우리 아들들에게 평상시에 꿈에 대해 진지하게 얘기하지 못한 것을 강의를 통해 얘기할 수 있어서 좋았다. 그리고 소수 정예여서 강의를 듣는 태도가 너무 좋았다.

⑩ 캠프에 참가한 학생들의 부모님들을 다 알고 있으므로 중간중간에 사진을 찍어서 카카오톡으로 보내주었다. 그래서 안심하고 집에서 편히 쉴 수 있었다고 한다.

⑪ 아이들의 무한한 가능성을 확인한 캠프였다.

다음을 기약한다. 다음에는 조금 더 알차게 강의를 준비해야겠다. 사실 캠프를 시작할 때 우리 아들들에게 밤새워 공부하는 것을 체험시켜 주고 싶었다. 그리고 친구들과 함께하면 더 쉽고, 친구들에게도 같은 경험을 해주고 싶은 마음 역시 가지고 있었다.

나도 중·고등학교 시절에 시험기간이면 밤새워 공부는 안 했지만(의과대학 때는 거의 밤을 세웠다) 1시 정도까지는 공부했다. 밤새워 공부하고 싶은 마음도 있었지만 두려웠다. 토요일 밤에는 늦게까지 공부하고 싶었지만, 해본 적이 없어 밤새는 것 자체가 두려웠다. 그래서 미리 체험을 한번 해보는 것도 좋을 것 같아서 진행하게 되었다.

극강 캠프에 참여해 공부하는 아이들

극강 캠프 2차

(2017년 8월)

이틀 전에 밤을 새웠지만 지금 컨디션은 정상이다. 물론 아이들은 나보다 상태가 더 양호해 보인다. 이번에 강의를 준비하면서 느낀 점이 참 많다.

2차 극강 캠프를 하면서 느낀 점은 다음과 같다.

❶ 내가 의과대학을 들어갈 수 있었던 주요한 점이 똑똑해서가 아니라 성실해서라는 사실을 깨달았다. 공부의 신 강성태 선생의 노트 필기, 수업 듣기, 삼색 볼펜 등의 강의를 들었을 때 나보다 더 세밀하기는 하지만 나도 비슷하게 했다는 생각이 들었다. 공부를 잘하는 아이들이 똑똑해서가 아니라 성실해서라는 사실을 새삼스레 깨달았다.

❷ 서울대 재학중인 학생의 강의를 들어보니, 서울대에 입학하는 방법중 가장 쉬운 방법은 전교 1등을 하면 된다는 것이다. 그럼 서울대는 그 학교에서

제일 똑똑한 학생을 뽑는 것이냐? 아니다. 가장 성실한 학생을 뽑는 것이다.

❸ 내가 강의를 할 때 현이 친구가 한 명 있었다. 그 친구는 갑자기 종이에 메모를 하며 강의를 받아 적는 것이었다. 그리고 새벽 3시, 쉬는 시간인데도 공부를 계속하고 있었다. 친한 형님 아들의 그런 모습을 보니 마음이 뿌듯했다.

❹ 오늘 아들들에게 금요일, 토요일 둘 중 하루는 아빠가 시간을 낼테니까 1시까지 책을 읽자고 했다. 그러자 현이가 뭐 밤도 새봤는데 1시까지는 쉽지. 그런다….

극강 캠프에 참석한 아이들의 모습이 진지하다.

❺ 친구들은 나보고 아들들에게 너무 공부를 많이 시킨다고 한다. 난 아들들이 즐겁게 공부했으면 한다. 오늘 현이 친구 아버지가 진료를 받으러 오셨다. 캠프 때 따님이 많이 힘들어했죠? 하고 물으니 아니라고, 너무 재미있었다고, 고맙다고 하셨다.

❻ 캠프 시간이 끝나고 새벽에 기념 사진을 찍을 때 아이들 모습은 뭔가를 성취했다는 자신감 넘치는 그런 얼굴들이었다.

석 달에 한번 밤새워 보는 일이 공부에는 큰 도움이 안 될 것이다. 서울의 강남이 아닌 서귀포에 사는 아이들은 공부를 열심히 해야겠다는 동기부여의 기회가 적은 것은 사실이다. 그래서 나는 기회가 된다면 이러한 캠프를 계속하고 싶다.

11월에는 밤샘 책읽기로 도전해 볼 것이다. 나도 평생 밤샘 책 읽기는 못 해봤다. 어렵지만 이번 기회에 밤새워 책을 읽어봐야겠다.

극강 캠프 3차 - 밤새워 책읽기

(2017년 11월)

이번에는 학생 수가 조금 늘어났다. 그리고 우리 집 책상도 공부하기 편한 좀 더 큰 식탁으로 바꿨다. 12명의 학생을 초대할 수 있었다. 나도 공부는 밤새워 해봤지만 책은 밤새워 읽어본 적이 없다. 이 기획을 했을 때 진짜 힘들겠다고 생각했다.

참가 신청한 아이들에게 평소에 읽고 싶었던 책을 가지고 오라고 했고, 우리 집에도 책이 많으니 책 문제는 없었다. 그리고 특히 이번에는 책읽기에 대한 오한숙희 작가님의 강의가 있었다. 작가님은 아이들에게도 매우 좋은 추억을 선물해주셨다.

1. 2차 캠프와는 달리 3차 밤새워 책읽기 캠프는 아이들이 너무 힘들어했다. 나 역시 매우 힘들었다. 그래도 새벽까지 열심히 책을 읽었다.

3차 책읽기 캠프를 통해 느낀 점은 다음과 같다.

❶ 공부와는 달리 책읽기는 다 같이 하는 것이지만 자신과의 싸움인것 같다. 말은 없었지만 아이들이 힘들어하는 모습이 보였다.

❷ 오한숙희 작가님의 강의 중에 각자의 개성을 이끌어내려는 모습을 보면서 많은 멘토들에게 자극을 받으면 아이들도 자신이 잘하는 것을 좀 더 쉽게 찾을 수 있겠다고 생각했다.

❸ 책을 조금 보다가 자꾸 바꾸는 경우가 많았다. 그런 것 같다. 재미없는 책을 하루 종일 읽기는 힘들다. 그래서 처음에는 아무 책이나 자신이 읽고 싶은 책을 읽으면 된다. 그리고 다 못 읽어도 바꿔서 읽으면 된다.

❹ 책을 앉아서 읽을 필요는 없다. 소파에 누워서 읽어도 되고, 서서 읽어도 된다. 그래야 졸지 않을 수 있다.

❺ 어려운 캠프를 마친 아이들이 뿌듯해하는 것 같다.

❻ 이제는 밤새 같이 무언가를 하는 것이 힘들어 보이지 않고, 그냥 MT를 온 것 같은 모습들을 하고 있었다.

3차 밤새워 책읽기 캠프에는 우리나라 최고
여성학자 오한숙희 선생님께서 특별히 지도해 주셨다.

이번 캠프를 끝으로 극강 캠프는 마치려고 한다. 3차 정도 했으면 아이들에게도 충분한 경험을 맛보게 한 것 같다. 3차 캠프를 하면서 어쩌면 가혹하다고 생각할 수도 있지만, 그렇게까지 아이들은 힘들어하지는 않았다. 그냥 친구들과 밤새 같이 있었구나 하는 정도로 보였다.

하지만 밤새 같이 있던 나는 너무 힘들었다. 지난 5년 동안 밤을 새워본 적이 한 번도 없던 나로서는 힘이 들었다. 누군가 나처럼 이런 기획을 하는 사람이 있었으면 좋겠고, 한다면 꼭 알았으면 좋겠다. 희생이 필요하다고.

나는 그 희생을 사명감이라고 생각한다. 그리고 양육은 고된 일이라는 것을 다시 한번 느낀다.

극강 캠프 4차 - 12시간 연속 공부하기

(2018년 4월)

약 1년 전에 아들들 친구들을 모아서 밤샘 공부하기를 시작했다. 이번에는 서귀포시 교육발전기금의 후원으로 일요일 낮에 12시간 연속해서 공부해보는 캠프를 기획했다. 규모는 전보다 커져서 23명 학생이 참석하였고 모르는 학생이 반 정도가 되었다. 긴장이 되었다. 혹시 누가 아프면 어떻게 하나, 말을 안 듣고 공부를 안 하면 어떻게 하나 이런 걱정을 했다. 그리고 무사히 마치고 지금 진료를 하고 있다.

4차 극강 캠프를 마치고 느낀 점은 다음과 같다.

❶ 괜한 걱정을 했다. 처음에는 각자 눈치를 보면서 공부를 하는 것 같았다. 아침 8시부터 시작하여 오전 4시간 동안을 공부하고 나서 점심을 먹었다. 오후가 되었는데 이때부터는 졸리기 시작하는 시간이었다. 그런데 생각과는 달리 이 시간부터는 아이들의 눈에 열정이 보이기 시작했다. 적응들을 했는

12시간 연속 공부하기에서 열공중인 아이들의 모습이 대견하다.

지 모두 다 옆에 있는 친구를 신경 쓰지 않고 열공을 하는 것이다. 저녁을 먹고 나자마자 3명의 학생이 공부를 시작했다. 나는 누군지도 잘 모르는 아이들인데 너무 대견스러웠다.

❷ 《공부의 신》 저자 강성태 대표는 처음 18시간 공부할 때는 혼자서 하느라 너무 힘들었다고 한다. 그런데 아이들은 다 같이 모여 공부를 하느라 그런지 힘들어하는 모습이 보이지 않았다. 오히려 10시간이 지나고부터는 거의 밝은 얼굴이 되어 보였다.

❸ 힘들 때는 일어서서 공부하기, 뒤에 나와서 공부하기가 가능하다고 처음에 설명했지만 12시간 내내 앉아서 공부를 했다.

❹ 초등학교, 중학교 학생은 스스로 계획을 세우기가 힘들다. 그러나 어제 느낀 거지만 스스로 온 것이 아니라 부모님이 보내서 온 아이들이 더 열심히

하고 뿌듯해하는 모습을 보면서 다들 할 수 있다는 것을 느꼈다.

⑤ 나는 아이들 지도를 해야 한다고 생각했다. 그러나 막상 12시간 동안 공부를 마치고 나니 지도가 아니라 아이들 옆에서 같이 공부를 하면 되는 것이었다. 어제 잔소리는 하지 않았다. 할 필요가 없었다. 각자 서로 무엇을 하는지 모르고, 자기 공부만 하고 있었으니까.

⑥ 서귀포는 물리적으로 서울에서 제일 멀리 떨어져 있는 곳이다. 그만큼 교육에 대한 해택을 못보고 있는 것이 사실이다. 그래도 우리 아이들에게 기회가 주어지면 다들 잘 할 수 있다. 우리 어른들부터 변해야 한다. 무엇이든지 다 때가 있는 법이다. 마찬가지로 공부 역시 해야 할 시기를 놓치면 안 된다. 어제 캠프가 끝나고 아이들을 데리러 오신 부모님과 웃으면서 인사하고 나갈 때 나도 행복했지만 아이들도 엄청 행복해 보였다.

아들을 알아야 행복해진다

글을 다 쓰고 나서 지금은 원고 편집을 하고 있다. 수는 고등학생 현이는 중학생이다. 지금 나는 행복하다. 코로나19로 인하여 야외 생활과 여행 등을 할 수 없지만 집이 즐겁기 때문이다. 거실을 지나갈 때 아들들이 툭툭 친다. 아빠한테 장난을 치는 것이다. 마치 쉬는 시간에 학교에서 친한 친구끼리 장난치듯이 말이다. 그래서 집에 친구가 두 명이 있는 것 같다. 그러니까 자연히 집이 즐겁고 내가 행복해진다.

'좋겠다!'라고 이 글을 읽는 아빠들은 생각할 것이다. 그렇지만 나는 이렇게 되기까지 수많은 노력을 했다. 병원 일이 너무 힘들어 몸이 지친 날도 현이 욕조에서 "아빠, 시원한 것 부탁!" 이런 말을 들어도 웃으면서 콜라 슬러시를 가져다주었다. 지금도 글을 쓰고 있는 옆에서 수가 인터넷강의를 들으면서 "아빠, 시원한 물이요" 하고 부탁해도 기쁘게 가져다준다.

　내가 아들들을 대할 때 가장 중요하게 여기는 것은 어른 혹은 친구처럼 여기는 것이다. 그러면서 점차 신뢰를 얻게 되었다. '아빠는 약속을 하면 반드시 지킨다'는 그런 신뢰를 얻게 된 것이다. 집에 하나씩 규칙을 세우고 자기가 해야 할 일은 꼭 하는 분위기를 만들 수 있었다.

　그리고 아들들이 좋아하는 것을 인정하려고 노력했다. 게임에 역기능도 있지만 순기능을 보려고 했다. 나도 내가 좋아하는 것을 하면 기분이 좋아진다. 아들들도 좋아하는 것을 할 때 기분이 좋을 것이다. 그것을 인정해주는 것이 아들을 알아가는 시작이었다.

　'라떼는 말이다'라는 말이 유행이다. 꼰대를 빗대는 말이다. 아이들에게 '라떼는 말이야'라는 말 대신 "너 때는 어때?" 이렇게 질문하고 그것을 알려고 했다. 그래야 아들들과 자연스럽게 말을 할 수 있고 대화를 이어나갈 수 있다. 우리도 부모님과 전화통화를 할 때 할 얘기가 많지 않다. 왜냐하면 부모님이 내가 관심이 있는 것보다는 부모님이 관심을 가지는 것에 대해 이야기를 하려고 하기 때문이다. 우리는 아이들을 알려고 하면 아이들이 관심을 가지고 있는 것에 대해 이야기를 해야 한다. 그래야 아들을 알 수 있다.

　아들을 알고 나면 자연히 이해를 하게 되고 그러면 공감할 수 있다. 그래야 아이들이 속상할 때 같이 속상해주고 즐거울 때 같이 즐거워해줄 수 있다. 아이들도 이런 아빠를 보고 같이 속상해주고 같이 즐거워해줄 수 있을 것이다. 이렇게 아이들과 공감할 수 있는 부모가 되면 자연히 행복할 수 있다.

식탁에서 서로 즐겁게 이야기를 하는 모습을 바란다면 지금 내 아이에 대해 공부를 해야 한다. 아이가 베스킨라빈스31에서 어떤 맛을 좋아하는지 그것부터 시작해보자.

계약서

년   월   일

(서명)

약속의 증인

(서명)

(서명)

(서명)

(서명)

계약서 작성 순서

❶ 일단 서로 지켜야 할 일이나 잔소리를 많이 하는 일이 생겼을 때 토론을 한다.

❷ 합의점에 이르면 초안을 잡는다.

❸ 초안을 A4에 적는다. (적는 사람은 이 일로 가장 잔소리를 많이 하거나 많이 듣는 사람이 한다.)

❹ 모두 읽어보고 의견을 제시한다.

❺ 고칠 것은 다시 고쳐서 작성한다.

❻ 더 이견이 없으면 각자 서명하고, 초안을 작성한 사람이 가장 나중에 서명한다.

❼ 집 벽에 붙인다.

계약서

....

....

....

....

....

....

....

년   월   일

(서명)

약속의 증인

(서명)

(서명)

(서명)

(서명)

계약서 작성 순서

❶ 일단 서로 지켜야 할 일이나 잔소리를 많이 하는 일이 생겼을 때 토론을 한다.

❷ 합의점에 이르면 초안을 잡는다.

❸ 초안을 A4에 적는다. (적는 사람은 이 일로 가장 잔소리를 많이 하거나 많이 듣는 사람이 한다.)

❹ 모두 읽어보고 의견을 제시한다.

❺ 고칠 것은 다시 고쳐서 작성한다.

❻ 더 이견이 없으면 각자 서명하고, 초안을 작성한 사람이 가장 나중에 서명한다.

❼ 집 벽에 붙인다.